Self-esteem
Knows
the Answer

自尊知道答案

如何成为被机遇善待的人

王亚南 著

中国水利水电出版社
www.waterpub.com.cn
·北京·

内 容 提 要

本书对习惯性自我怀疑、自我否定进行深度解剖，用丰富、专业的心理学工具和方法，从思想和行为上双管齐下，辅助读者一步步建立稳定的高自尊，成为自信、有创造力的人。

图书在版编目（CIP）数据

自尊知道答案：如何成为被机遇善待的人 / 王亚南著. -- 北京：中国水利水电出版社，2020.4
ISBN 978-7-5170-8315-3

Ⅰ. ①自… Ⅱ. ①王… Ⅲ. ①自尊 - 通俗读物 Ⅳ. ① B842.6-49

中国版本图书馆 CIP 数据核字 (2020) 第 004439 号

书　　名	自尊知道答案：如何成为被机遇善待的人 ZIZUN ZHIDAO DA'AN：RUHE CHENGWEI BEI JIYU SHANDAI DE REN
作　　者	王亚南　著
出版发行	中国水利水电出版社 （北京市海淀区玉渊潭南路1号D座　100038） 网址：www.waterpub.com.cn E-mail：sales@waterpub.com.cn 电话：（010）68367658（营销中心）
经　　售	北京科水图书销售中心（零售） 电话：（010）88383994、63202643、68545874 全国各地新华书店和相关出版物销售网点
排　　版	北京水利万物传媒有限公司
印　　刷	河北盛世彩捷印刷有限公司
规　　格	146mm×210mm　32开本　7.5印张　131千字
版　　次	2020年4月第1版　2020年4月第1次印刷
定　　价	48.00元

序

作为一个心理治疗师，低自尊心理对于我来说，不仅是在临床心理治疗中需要认真分析的一种心理现象，也是我和我的许多来访者都必须面对并克服的人生障碍之一。在研究心理学之后，我认识到缺乏自信心这一心理现象，竟然如此普遍地存在于芸芸众生之中，并且对个人、家庭以及社会都产生了巨大的负面影响。缺乏自信的人无法享受积极快乐的生活，更无法在自己扮演的社会角色中充分发挥出潜能，不仅导致个人生活质量无法得以提高，还造成整个社会生产力的下降。所以说，低自尊心理是一个社会性、群体性的心理问题，需要我们以客观和科学的态度面对、解决。然而事实上，备受低自尊心理困扰的人却在孤独地承受着痛苦。比如，我的许多来访者，他们本身是受过高等教育、才华横溢的人，可是，在他们生命中的某些时刻，童年或成年后，因自己接收了负面反馈或经历了重大挫折后，导致其自尊受损，每天都被负面影响持续削弱自己的生活动力，无法展现自我，更无法取得成功。

在我的咨询经历中，我常常会问我的来访者能否回想起自己生命中记忆深刻的那些充满自信的状态。有的人可以详细表述自己美好的童年或者曾经杰出的学业，在那样的时刻，他们会认为自己是有能力的人，并且有信心能够面对和解决生活中的任何情况。可是后来发生了这样或者那样的特定事件，比如，工作遇到不顺，老板反馈给自己：“你不像你想象中的那么聪明。”类似这样的话会激发一个人内心深处恐惧的种子——自己不够聪明或不够成功，这样的想法是对自我存在价值的怀疑和否定。

而一旦内心深处的负面自我限制的信念被触发并激活后，一个人的人生前景就会发生变化。这是因为，在这个负面信念的影响下，我们会用这个负面思维过滤器看待自己和自己所处的生存环境，每天都寻找证据来验证“我不够聪明，能力有限”等这样的负面的自我认知。正所谓“金无足赤，人无完人”，我们当然可以找到很多证实这些负面信念的人或事。例如，在会议讨论的过程中，听到他人提出和自己不同的意见，自己的第一反应往往不是去倾听对方，进行开放式的讨论，而是会保持沉默，并用沉默激发自己的防御措施，进行自我攻击。比如，受到低自尊心理影响的人为了摆脱不自信状态，会一味地责备自己：“为什么我没想到他提出的观点？显然，我不够聪明！”成千上万类似这样的自我打击每天都会发生，这怎能不影响一个人的自尊水平呢？

在临床治疗工作中，我同来访者一起一遍又一遍地梳理这些事件，帮助他们看到自己因为低自尊心理而受到的伤害，认识到缺乏信心是如何影响自己在生活中充分发挥自我潜能的。而当来访者意识到缺乏自信对自己的职业生涯和人生境遇产生巨大的负面影响后，他会重新思考自己的人生规划。比如，理解了低自尊心理会让自己待在相对舒适、安全的环境中（自己认为的舒适区），从而减小了面对失败的风险，但同时它也会阻碍自己离开糟糕的工作环境寻求更具有发展潜力的岗位，导致自己错失良机，失去生活动力，并且随着时间的推移，自尊心被缓慢地持续损耗，而深陷低自尊的恶性循环中。

因为低自尊心理作祟，人们或表现出完美主义（Perfectionist），或出现冒名顶替综合征（Impostor Syndrome），又或用消极的自我谈话等形式来应对自己的低自尊心理状态。这样做是因为在低自尊、低自我价值感中苦苦挣扎的人以为只要不断提高对自我的要求（所谓完美主义），或者认为自己取得的成就并非来自自身能力（所谓冒名顶替综合征），又或用消极对话来让自己准备好迎接失败这一类的方式可以缓解低自尊心理给自身价值感所带来的打击，可是，如果探究问题的本质，这依然是在寻找证明自己对自身负面想法的证据——这是一个自我实现的预言，而预言的结果就是“自己无法逃离一个‘失败者’的命运”。

不过，好消息是，通过积累和汇集大量的临床经验，以及心理学方面的询证实验结果，心理学家们发现我们可以通过练习专注和管理自己的意图来重新连接我们的大脑，塑造新的思维模式，指导自己采用更健康、积极的态度来面对生活。这些科学结论为改善低自尊心理提供了理论依据。比如，使用认知行为理论来设计更具科学观和实操性的自我心理调整方案。

诚然，恐惧和自我负面限制的信念不会在短时间内完全消弭，不过，我坚信只要我们坚定地学习自我成长的正确方法，随着时间的推移，这些负面、消极的思想禁锢会逐步失去对我们的影响力。这也是为什么在近二十年来，在心理学领域会积极倡导用练习正念和冥想的方式来帮助大脑支持并建立新的神经通路，帮助我们摆脱负面心理暗示的控制和影响。与此同时，我们要重视练习与自己做积极对话，来掌握自我积极心理暗示的力量。

在临床工作中，我常常同来访者一起做主题练习，比如，建议大家思考如果自己更加自信，我的生活和职业发展会有何不同？

来访者们的回答至今深深地烙印在我的脑海里，因为它们代表着生命渴望生长和进步的力量！以下是我分享给读者们的一些回答：

如果我更自信——

我能在职业发展中发挥对自我人生的设计力量，得到源源不断的成长动力，我会抓住更多机遇，我会做我人生的主人，我会更加喜欢并爱自己！

如果我更自信——

我将允许自己犯错误并从中吸取教训。我会更加高效率地学习和成长！

如果我更自信——

我会更加平和、稳定。我会用更客观的方式同他人交流。我能够更好地倾听并且回应他人。我不再担心我说的话没有用而一直保持沉默。

如果我更自信——

我会清楚而诚恳地进行沟通，不让自己陷入懦弱无能的感受中，连声音都不敢发出。我不再害怕得罪别人，因为我可以接受不喜欢我的人存在，而这并不代表我这个人不好。

如果我更自信——

我不再深陷自我质疑当中，饱受煎熬。

如果我更自信——

我不再用厚重的心墙把自己保护起来，会听取反对意见，不再失去亲密关系。

如果我更自信——

我不再拿自己与他人比较，放大自己不如他人的地方，认为自己什么都不行、什么都干不了。我受够了自我矮化和自我贬低，我会衷心地欣赏自己和他人，拥有更和谐的人际关系。

如果我更自信——

我会允许自己享受生活。我会笑得更多，我会唱歌、跳舞，我不再抑郁。

我在这本书里为大家提供了一些具备实操性的心理工具，协助大家帮助自己建立健康的自尊水平，建立和谐友善的人际环境，并且可以让自己系统地客观地为自己规划人生。通过阅读本书，我希望帮助大家对“错误”这个概念产生更为积极的理解，因为领悟到错误中蕴含着巨大的学习机会，而让自己有信心去承担一些风险，不怕去犯错误，可以达到自我成长的目的。我相信，当我们通过自我成长帮助自己建立起足够强大的内心力量时，我们会成为一个自信、敢于尝试冒险，并且能够抓住人生机遇的人！

目录

第一部分　为什么我们摆脱不了低自尊

第二部分　深度改变：如何走出低自尊

第三部分　巩固升华：如何建立客观合理的自尊

Part One 第一部分

为什么我们摆脱不了低自尊

低自尊对自己的影响，你没有意识到

▷ 什么是低自尊

每一个人在一生中的某些时刻，都可能会产生自我怀疑。这种感受对有的人来说也许会更加强烈，并且持续的时间也可能更长。而强烈的自我怀疑，对我们最直接的影响就是，它会动摇我们对自己的信任感。那么，为什么“信任自己”这么重要呢?

信任，是我们追求的一种心理稳定感。有了它，我们才可以安心地做事情，轻松地建立关系，投入地体验生活。可以说，信任，是构建和保障一个人正常生活功能的必要条件之一。

而我们对自己信任感的水平高低，直接影响到我们对自己的认知和态度，也将影响到我们与他人之间的关系的质量和状态，甚至直接影响了我们能否获得机遇并成功地抓住它。用一个简单的逻辑推理来理解这句话：让我们想象一下，当你遇到一个自己可以全身心信任的人，你和他之间的互动状态是什么样子的？如果你遇到自己无法确信的人，你能否放松？你是否愿意花时间和他在一起？和让你信任的那个人比较起来，你对他的态度又会产生哪些变化？许多人会说，当遇到让自己无法信任的人的时候，自己往往会很难放松，感觉到别扭，想逃离。让我们继续推想，如果你遇到的这个令你无法信任的人是你自己呢？这种时刻包裹着自己的紧张和不安感，是不是依然会让我们心生逃离的冲动？可是，逃离自己显然是不可能的。这种无法摆脱的住在自己身体里的不安感会让人把自己活成悲剧的主角——无奈、无助，失去希望，这样的心理状态影响到一个人生活的方方面面，让人滋生负面的自我价值感，从而导致低自尊。

临床心理学家Melanie Fennell是研究人类自尊心理方面的专家。在她的书《战胜低自尊（*Overcoming Low Self-esteem*）》中，将自尊定义为“一个人看待自己的方式、对自己产生的评估，并由此而赋予自己的价值感”（Fennell, 1999, p.1）。她认为，自尊的概念属于一个人对待自己的“核心信念”（central belief）范畴，也就是说，一个人的自尊水平是构成我们自我认知的重要基础。

一般谈到自尊，一些词汇会被用来形容它涵盖的内容。

比如，“自我形象”“自我观点”“自我概念”，其实以上的词汇都在阐述一个意思：我们是如何认识并看待自己的？那么，进一步联想，假如我们需要对自己产生一个看法，那就要求我们具备产生“自我意识”的能力——清楚地认识到自己的存在感，区别自己与他人的相似与不同，觉察自己和他人、环境的互动以及联结方式的能力，等等。同时，具备“自我意识”的能力要求我们不仅仅能认识并感受到自己的存在，它还要求我们能够对自己存在的价值做出评估。所以，我们可以概括，Melanie Fennell 提出的自尊的概念主要包含两个部分：第一，我们要有感受到自己存在感的意识能力；第二，我们要有对自己的存在状态做出评估的能力。

遵循这样的思路，我们可以联想：低自尊的产生其实是和自尊概念的第二个部分相关联的，“我们如何去评估自己的存在价值”，是让自己产生低自尊心理的源头。

现在，请你描述一下你是如何形容自己的？把答案写下来。

____

____

____

____

接下来，请以下述几个方面为关注点，观察并分析一下自己刚刚写下的内容：

你用哪些词汇描述了自己？

你描述的自己总体来看是积极的、消极的，还是很客观平衡的？

你如何评价自己的价值？

这个价值看来是积极的、消极的，还是平衡的？

如果用来描绘自己、评价自己价值的词语中存在消极、负面，甚至极端糟糕的用语，说明我们对自己的存在价值的评估是很低的。低自我价值评估是低自尊者最显著的特点，在生活的方方面面中我们都可以感受到。

比如，当你面对挑战或者压力时，如何对待自己？会不会用很冷酷挑剔的话去刺激自己？类似“我怎么这么蠢，我根本比不过别人，我一点用都没有”。

即使在没有压力的情况下，你是否对自己表达肯定、认同，还是经常从各种角度去批判自己？比如，常常觉得自己不够漂亮、能力不够强。

在受到他人称赞时，你第一个冒出来的想法是什么？怀疑对方是否真心在称赞你，还是在心里否定对方的看法，认为自己其实没做什么值得他人称赞的事；又或者，自己会认为事情完成得不错，但只是自己运气好罢了，成功和自己的努力、能力没有多大关系？

我们对自己说的这些话，以及向自己表达出来的态度，就是筑成低自尊的一砖一瓦。

读到这里，回想一下，自己是否经常出现上述情况？如果你经常对自己产生负面想法和评价，不刻意思考根本察觉不出来，那么，请花半分钟的时间，把这些负面的自我评价和想法写在前面的自我描述的下面，这有助你了解自己的自尊水平，观察自尊是如何影响自己的生活和学习的。

▷ 低自尊如何影响生活

低自尊是如何影响我们的生活的？

低自尊心理对我们生活的影响是相当广泛的，这一点从大家刚刚书写下来的那些对自我的负面评价内容中就可以体现出来。但我们的某些感受，或者对待一些事件的反应，不一定会被我们觉察到它们其实是和低自尊心理相关。比如，一个人写下“我讨厌自己胆小羞怯，不敢在公众面前发言”，认为这只是自己性格内向的表现，除了慨叹懊恼自己无力改变个性之外，毫无其他办法。然而，深入探究自己的心理活动就会发现，恐惧公众演讲之下隐藏着的是，担心自己表现“不够好”而受到他人负面评价的想法。这种担心自己不够好的思维就是典型的低自尊心理特点之一。从认知行为心理学的角度看，这样的心理特点会造成负向思维心理的循环，即认为自己不够好，害怕别人的负面评价或者反馈，再加上感觉自己内向又胆小，便继续回避与公众交流，不敢接触他人，导致缺乏锻炼的机会，固化“我是内向胆小者”这样的自我核心看法。所以，只要这个认知行为的圈子不被打破，“我不够好”这类的低自尊心理就会一直主导自己在生活中的思考方式和行为方式，影响自我成长和发展。

现在，让我们重点了解并分析一下低自尊心理在自我认知、工作学习、亲密关系、社会生活以及自我关怀五个方面的影响。

第一，在自我认知方面，低自尊会让我们心生负面甚至极端的自我评价。

比如，当别人给予自己肯定时，我们会认为自己没有做什么，或者自己并没有别人夸赞的那么好，根本不能接受来自外界的肯定，或屏蔽掉这些积极的信息。

这里，我想重点区别一下这种对外界肯定的拒绝与中国传统文化中提倡的谦虚美德之间的关系。低自尊的体验和谦虚是有区别的，前者是从内心不认同他人对自己的肯定，而后者是我们心里给予自己同样的认可，只是在面对夸奖时，表现出矜持和有礼貌。同时，受到低自尊心理影响的人，常常会自动地将自己的功劳、成绩忽略掉，习惯于关注自己做得不够好、不到位的地方。正是因为常常对自己不满，所以类似悲伤、抑郁、焦虑、羞耻、内疚等负面情绪会时常伴随着自己。得不到适当的疏导，这些情绪会升级为极度压抑或者愤怒，导致自己与自己的关系、自己与他人的关系充满压力和紧张感，饱受痛苦。

第二，在工作学习中，低自尊的人很难充分发挥自己的能力和潜力。

低自尊状态导致我们不认为自己能把任务完成得比别人好，自然会回避挑战，同时也回避了机会。有的则恰恰相反，总是认为自己不够出色，所以在工作或者学习中过度努力，以掩饰自己的能力不足，但取得一定的成绩后，会故意淡化或者忽视自己的成就，无法给到自己积极反馈提升自我价值感。

第三，在亲密关系中，低自尊的人会“玻璃心”。

“玻璃心”者，对于他人对待自己的态度和评价非常敏感，在人际交往中承受极大的压力，人际关系紧张，容易受到伤害。可即便对他人的挑剔、不友好的态度非常敏感，低自尊的人往往不敢或者不愿为自己的权利发声、抗争，这也让低自尊人群容易成为工作场合、校园，甚至在家庭里的霸凌对象。其中，以来自家庭成员的欺凌，对低自尊者的自我价值的打击为最大。这是因为，在认知建立的初期，人们往往对自己的家庭成员是最没有防御或抵抗心理的，认为家庭成员是自己可以依赖和信任的对象。所以，当家庭成员以冷酷的态度或者行为对待我们的时候，我们很难立刻识别出自己正在被不公平地对待着，质疑他们这样的做法是有问题的。同时，为了解释自己遭受到的痛苦，我们反而会为家庭成员找理由，把错误归咎于自身，从而加重本已存在的负面自我认知。

第四，在社会生活方面，低自尊的人很难积极地投入社交活动中。

比如，和大家一起玩的时候，低自尊者很容易产生触景生情般的情绪变换。这是因为影响自己的负面想法每时每刻都存在着，它会影响自己无法投入到当下的生活中。

比如，在社交场合我们会非常敏感并在意别人对自己的态度，他人的一个眼神、一个笑容、一句玩笑，都有可能引起我们的顾虑，“他是不是在针对我？”或者当别人情绪不太好时，就会怀疑是因为自己做了什么不恰当的举动冒犯了他，从而更加谨小慎微。这种状态下的社交，对低自尊者来说简直就是难熬的惩罚，无法展示自己，要么逃避、躲避社交，要么因受不了压力而情绪失控。

最后，在自我关怀方面，低自尊的人很难体察到自己的需求，或者不确定自己的喜好，或者根本不在乎自己的喜好。

拿搭配衣服这件事举例来说，在衣着选择方面，低自尊的人容易走极端。即使精心打扮，还是认为穿什么都不好看；或者小心翼翼地观察别人对自己衣着的评价，敏感地解读他人的反馈，怀疑自己品位不好；或者根本不在乎自己穿什么，越普通越好，希望不被他人注意到——这跟外表不拘小节但内心丰富的人有着本质的区别，后者不会忽视对自认为美的东西的追求，很重视滋养内心，而前者是在忽视自己的存在，没有照顾、取悦自己的意识。说到取悦和照顾自己，低自尊的人会选取一些对自己没有长期好处的方式来麻痹感受，逃避现实，比如酗酒、赌博，等等，追求感官刺激，明知有害却不停止。

读到这里，请你用半分钟的时间想一想，自己的生活中是否也存在这样的低自尊带来的影响？还有哪些方面是上述没有提到的？

▷ 低自尊心理带来的那些伤害

任何一个对人影响广泛、深远的现象都会形成各种各样的实际问题，那么低自尊心理带来的实际问题都有哪些呢？

首先，低自尊心理会诱发抑郁。

研究发现，低自尊心理导致的抑郁，比抑郁引发的低自尊心理高出两倍（Sowislo & Orth, 2013），也就是说，如果一个人发现自己抑郁很久了，那么这个人的自尊受损或者自尊一直处于低水平，很可能是导致自己产生抑郁的诱因之一。

为了帮助读者们了解针对抑郁症的临床诊断标准，在本章最后的补充资料里补充了一份简要的抑郁症状临床诊断对照表。如果发现在过去的两周左右，有超过5个以上的症状符合自己的状态，并且它们正在给你带来持续性的影响，那么这有可能表示你需要及时进行专业的心理健康方面的干预，帮助自己尽早处理抑郁情绪的困扰。

第二，低自尊心理的产生可能预示着生活中有其他给自己带来巨大压力的实际问题。

比如，长期的财务紧张、健康状况不良、亲密关系或者家庭关系压力大，等等。如果一个人面对重重问题和压力感到束手无策，也看不到这些问题可以得到解决的希望，它就会加重一个人对于自己的负面认知和感受，导致低自尊心理更加严重。所以说，我们可以把低自尊看作衡量自己心理健康状态的指标，如果发现它存在，我们需要积极分析并处理那些引发它产生的问题，而不是仅仅关注在自己的低自尊状态，做徒劳无功的挣扎去摆脱低自尊。

第三，低自尊会成为心理学定义的“脆弱因子（vulnerability factor）”之一。

脆弱因子，心理学名词，指一个人在承受压力时或者面临生活挑战时，存在不稳定的因素，而这些因素会引发各种心理问题影响其正常的生活和社会功能。

低自尊是一个心理学领域公认的高风险脆弱因子，它不仅影响我们管理情绪的能力，也会直接影响到我们的思维判断能力，做出低质量的判断，让低自尊心理形成负面循环。

读到这里，请你用半分钟的时间想一想，在你的生活中，是否有上述这些问题？请判断一下自己目前是否面临着低自尊心理带来的风险？

现在，我们对自尊、低自尊的概念、低自尊带来的影响，以及它导致的问题有了一个初步的认识。我们要对自己说一声感谢，感谢自己意识到低自尊是一个需要面对的问题，感谢自己有勇气面对它，了解它，解决它。

附加资料

抑郁症状对照表（DSM-V摘抄）（American Psychiatric Association, 2013）

- 长时间感到难过、低沉、抑郁，或者空虚。
- 之前感兴趣的活动对自己失去吸引力。
- 饭量突然增长或者减少的饮食习惯。
- 睡眠障碍（难以入睡、睡眠过程中易惊醒）。
- 疲劳感。
- 烦躁不安，或者思维、行动无故缓慢。
- 很难集中注意力。
- 可能会有伤害自己或结束自己生命的想法。

如出现超过以上5个症状，并持续两周以上时间，请考虑联系心理卫生专业机构做适当干预。

请大家复盘自己目前的生活状态，辨别出哪些问题和挑战是由低自尊心理引发的。

你的过去是如何让你不自信的？

▷“事实”和“观点”分不清楚

Lisa是一家大型公司的市场部助理，她工作勤勤恳恳、任劳任怨，可是每一次升职加薪，她都是那个“被遗忘的员工”。虽然心里非常压抑，愤怒，可是她的愤怒却总是会针对自己，怪责自己没专业能力，不够优秀，认为自己必须更加努力地学习，提升自己的能力。她寄希望于终有一天公司领导注意到她，给她机会。

有一次咨询，我请她把自己在工作中的成就罗列出来，不论大小。讨论之后，她发现，她居然写满了一张A4纸。我问她，这样看来，你为公司做了很多贡献啊，你为什么一直认为得不到升职加薪是因为自己专业能力有问题？

Lisa的答案是：“从小我妈和我爸就说我是一个低能儿。上学后，大家也都这么说，让我觉得自己就是很没用。”

问题出在哪里呢？其实问题就在于，“我是一个没用的人”这个想法对于Lisa来说就是一个事实。

那么，从心理学的角度讲，我们应当如何理解什么是“事实”，什么又是“观点”呢？

从字面意思上来看，“事实”是一个被认为是客观存在的、具备真实性的概念。换言之，我们可以用客观的证据来证明一个“事实”是真实存在的，比如，地球是圆的，就是一个具有普遍性的公理常识。从心理角度分析，一旦一个信息被我们的大脑判断为“事实”，我们不仅不会质疑它，还把它自动归纳为和自己相关性高的信息。同时自动默认既然这是“事实”，那它一定是有证据支持的，便不去探究这些“证据”的合理性。此时的大脑就像是好客的主人家那样，毫不迟疑地把认定为事实的内容吸收进自己的资料库里以备今后调用。

德国的认知科学家Abraham和同事们通过实验验证了这个现象。当我们的大脑处理那些被认为是事实类的信息时，会启动大脑默认信息处理系统中的前内侧前额叶（anterior medial prefrontal-amPFC）以及后扣带皮质（posterior cingulated cortices-PCC）区。而该区域处理信息的模式往往是自动信息处理方式，就是说，大脑会让自己更“轻松”地接受这样的信息，给它们发放更高级别的通行证，就好像放进来自己无比信任的熟人，一旦日后有需要，也会首先调取这些信息作为分析和判断的基础。与此同时，如果大脑在运行这类信息处理系统时，还可能存在同时处理多项任务的情况（Abraham & Von Cramon, 2009）。比如，一边收听电视新闻，一边思考自己稍后的工作安排，如果收听到自己认为重要的新闻信息就会被当作“事实”存储在知识库里以备必要时取用。比如，清晨洗漱时听到新闻报道说交通主干道因国际展会暂时被管制，自己就会在出门前调取这个事实信息，上班时避开交通主干道。

而“观点”则是指我们在脑海中对特定的事情或者人物，形成的一个暂时性的、通过自己的评估判断得出来的结果。观点是有流动性的，也就是说，我们的观点会随着我们对事件或者人物的观察，相应信息的输入方式（例如，肯定句还是疑问句）发生改变，并且随着不断搜集新的信息，进一步验证和修改自己的观点。

从大脑的信息处理方式上来看，我们需要以更加积极主动的方式来看待、处理被判断为“观点”的信息。我们会启动更加广泛复杂的大脑区域，以更加活跃的状态来分辨评估信息的准确性以及它与我们的关联性。所以说，我们的大脑对待处理那些被判定为“观点”的信息时，更为“勤劳”。同时，“观点”的另一个重要的特点是，它是非常主观的。这也就是说，对于同一件事或者同一个人，你和你的朋友很可能会产生两个完全不同的观点。比如，你认为长头发的女孩子更好看，这是你的观点，而你的朋友喜欢短头发的姑娘，所以他不会对你心仪的对象感兴趣。

观点和事实的不同，生活中处处可见。

比如，你向一个朋友介绍自己“我是独生女”，朋友会认为这是一个“事实”，因为他默认如果有必要的话你可以用客观方式（你家的户口本）证明这句话。而听到一个人说“我要是独生女该多好啊”，这个感叹句表达的是期望，此时我们的大脑会调动分析功能来判断这句话表达的是一个“观点”而不是“事实”。

所以我们可以看到，信息一旦被大脑归类为“事实”，是很难被改变的，除非我们调动自己的思维去质疑，找客观证据来推翻它。比如，在刚才的例子中，“独生女”朋友正好和另外一个跟她长得非常相像的姑娘一起出现在你面前，当她向你介绍自己是“独生女”的时候，你很可能会感到困惑——“那个和你长得真像的姑娘是谁？”困惑感不会让你的大脑立刻把她说的话归类于“事实”，而是等到困惑得以解答之后再定夺这句话的真实性，与此同时，“独生女”的自我介绍会被当作“观点”暂时存储在待定信息范围内 。

“观点”的暂时性和不固定性，这两个特点会让我们在理解自身、他人和环境中的一切时，保持着积极活跃的思考状态。比如，感叹自己若是独生女该多好的女孩子，会引发我们联想她是不是刚刚和自己的兄弟姐妹闹了矛盾？那么，等他们把矛盾解决了，大家相处得非常愉快的时候，她也可能感慨“我有这么多兄弟姐妹，真好，让我一点都不孤单”。所以说，当大脑面对被认定是“观点”的信息时，我们的想象力、创造力，以及判断力等丰富的头脑活动都被激发出来，让我们对了解现象产生更多的意愿和兴趣。

在本小节一开始就讨论“事实”和“观点”的区别，是因为我们对自己的看法、评价，或者我们了解到的他人对自己的看法和评价，所有的这些都可能只是“观点”，而不是“事实”。但许多人会把这些看法和评价不加区分地看作是“事实”而不去质疑，导致我们对自身、他人和环境的认知产生偏差。

现在，请用半分钟的时间，翻到之前做的自我描述，用刚才介绍的区分事实和观点的方法，分辨一下自己写下来的表述中，哪些属于“事实”，可以找到客观存在的、不容置疑的证据；哪些仅仅属于“观点”，具有暂时性、主观性的特点。

好，接下来，我们讨论这些不客观的看法和观点都是怎么形成的。

▷ 你如何定义那些让自己难过的经历

我们无法回避自己的过去，我们今天所有的看法、观点都是从我们过去的经历、一点一滴的自我体会中累积得来的。这种积累，其实就是我们学习了解自己和这个世界的过程。只不过，这个学习过程，在大多数时间里，是以一种被动输入的方式来进行的。也就是说，我们会不断地从环境中得到关于自己是谁、表现得好不好等各种各样的信息反馈，并从这些反馈的内容中逐渐塑造出自我认知和自己的世界观。但在成长过程的初期，即我们处于孩童时代时，更是会像海绵一样吸收外界的反馈信息，而此时的自己却因缺乏或还不具备自主分辨、判断和选择这些信息的能力，逐渐形成一些被动输入的自我认知。

根据心理学家Albert Bandura（1977）在他的经典著作《社会学习原理》中的解释，孩子通过环境中的“榜样”来学习各种各样的生活技能、自然知识，以及对自己和他人的认知。这些“榜样”包括他们可以直接或间接接触到的一切源头。比如，自己的家庭成员、一起玩耍的伙伴、学校的老师，以及自己所在的小的或者大的社会环境，等等。所以，如果自我认知呈现出比较负面、消极的现象，那么可以推断，我们在成长初期的互动学习过程中，可能会经历了一些负面的、消极的体验，以及接收到来自外界环境的负面反馈，才会让一个人逐步形成这些负面感受和自我认知的。

那么这些负面的和消极的体验或者外界环境的负面反馈，都包含哪些方面呢？

首先，关于个体体验方面，这里主要提及被惩罚、忽视，或者被虐待的经历。

成长初期的经历会深深地影响一个人在成年后如何看待自己。在童年时代，如果孩子常常被体罚，并且体罚者就是自己的长期照顾者，而如果这个长期照顾者又长期情绪或行为不稳定，对孩子进行莫名其妙的殴打或者语言暴力，让孩子遭受异常恐惧的心理体验的话，孩子会变得非常没有安全感，从而形成早期的情感和心理疤痕。

更具体地讲，幼小的孩子在不具备成熟的自我认知和自我保护能力的时候，他为了生存，只能不断地去迎合他人，修正自己在规则制定者眼中的形象，同时有意识或者是无意识地压抑自己真实的感受和想法。而压抑的极致，就是想方设法改变自己的思维方式，认同那个惩罚、忽视，甚至虐待自己的人。当他对孩子说，我惩罚你是因为你不听话，你不乖，或者你笨，等等，孩子把这些话当作“事实”默记下来，沿用这样的想法来看待自己，形成负面的自我认知。

接下来，我想简单提一下“被忽视”的伤害。

被忽视的感觉对孩子的影响更为复杂，因为它不像受到身体或者语言暴力对待那样，给孩子带来清晰的感受，从而判断自己需要解决哪些问题，避免继续被暴力对待。对于这个复杂的心理课题，如果大家感兴趣，我推荐Jonice Webb博士的书《被忽视的孩子：如何克服童年的情感忽视》(*Running on Empty: Overcome Your Childhood Emotional Neglect*)，可以帮助大家做深度了解。

被忽视与其他惩罚所带来的伤害的不同之处是在于，它造成孩子对自身的存在感、价值感产生更深的质疑。相对于在打骂中成长起来的孩子们来说，虽然他们经历暴力，可是暴力依然是一种回应、反馈，孩子可能会因为承受这些相对“稳定”的极端负面的反馈，而产生并形成较为“稳定”的负面自我认知，例如“我笨，我不够好”，并且可能会通过努力学习去提高自己的能力，改善他人对待自己的方式；也可能会早早地因认定自己能力有限而选择放弃，失去积极拼搏的动力。所以在负面环境中成长起来的孩子们的人生结果会因人而异，因其承受的负面经历的程度而异。但，父母忽视行为的核心后果是，父母看不到孩子的感受，否定孩子的感受，孩子也感受不到自己能得到外界回应，从而怀疑自己的一切感知，无法建立起坚定的自我信念。

举例来说，一个女孩子比较内向害羞，她的爸爸不顾孩子的感受，命令孩子必须活泼外向，见了人就打招呼。孩子没有做到让父亲满意，经常被批评。父亲不去了解孩子为什么会内向害羞的，是个性使然，还是有过不良社交活动经历导致恐惧社交，就简单粗暴地要求孩子按照大人的标准行事，忽视孩子内心的感受和思想活动。久而久之，孩子就不会再去觉察、听从自己的感受，只因知道自己达不到父亲的要求，而形成无数个自己不够好的答案，比如，“我不该是内向的人”“我太胆小怕事”，等等。孩子也无法确认这些答案哪个是正确的，哪个是错误的，更不会知道从何改进。相反，如果爸爸正视女儿的情感感受，理解女儿的困难，比如，得知女儿害羞是因为幼儿园里的老师过于严厉，影响了女儿对其他成年人的信任度，导致女儿不愿接触陌生的大人。发现了问题的根源，爸爸就可以和幼儿园管理人员沟通，改善老师和孩子的沟通质量，同时和女儿一起阅读儿童绘本，帮助女儿建立与人相处的信心，从而才能从根本上帮助孩子减缓并且处理好她的害羞情绪。

其次，常见的负面消极体验还有童年时被当作“情感垃圾筒”或者其他人情绪发泄对象的体验。

照顾者因为自己不具备很好的个人情绪管理能力，或者不了解儿童心理发展的特点，将孩子当作可以聊天的对象。比如，大俗话“女儿是妈妈的贴心小棉袄”听起来很感人，但这句话有一层意思是，女儿和妈妈之间一定能说体己话，可以成为彼此的情感支持。这个可能性的确存在，但是它需要建立在女儿与母亲都情感成熟、心理成熟的前提条件下。可事实是，许多照顾者会在孩子还很小的时候就把自己生活中的不满、情感上的困惑说给孩子听，尤其是把自己对伴侣的不满向孩子倾诉，让孩子选边站，甚至发泄情绪给孩子。孩子年纪小，缺乏处理复杂问题的能力，大人的倾诉和宣泄，容易让孩子产生负面感受和想法。比如，我应该有能力解决大人的问题，但我太笨了，不会处理，我需要对大人的不幸负责。

可是，孩子，又怎能负起责任去解决成人面临的问题啊。

第三个负面体验来自一个人过去的生活环境。

这里的环境内容包括原生家庭、学校的老师同学、自己平时玩耍的伙伴，以及自己家庭的社会经济地位状况。如果原生家庭里有一位过度挑剔、苛责的家长，毫无疑问会影响到孩子成年后的自尊水平。比如，常常听到“隔壁家的孩子就是比你厉害”，或者当你考试成绩突破了自己的平时水平，却仍然得不到家长的鼓励，这些都是家庭对孩子过度挑剔的表现。

在学校里，学习成绩一直是引发孩子自卑心理的一个重要源头。回忆起学生时代，是不是每次发成绩单的时候都十分紧张、忐忑？一旦成绩不好就否定自己，害怕被家长责备，被周围人看不起？其实，一个人在某些传统学科上的表现并不出色，但有自己擅长的技能或者感兴趣的方向，都是值得高兴的事情，都应该得到正视和鼓励，让自己在这个领域能有所发展。但是大家都在以传统学科的成绩论英雄，学生们当然也会被社会主流价值取向所影响，因为自己的语数英成绩不好而认为自己不够优秀，无法认识到自己的潜力。

在孩子的小朋友圈子里，同样是这样：在集体和互动中能否感受到被重视和被接纳，是我们建立自尊心体验的一个基础。对别人好，对别人的要求有求必应，但是最后还是被伙伴们冷落、忽略，仿佛自己再怎么努力也无法被别人记住，从而产生“我做了这么多，还不能被接受，我是不是不够好？”“我就是一个不受欢迎的人！”等等这一类很典型的低自尊心态。

最后，让我们客观地了解一下，一个人弱势的家庭社会经济地位和社会对待财富态度的大环境，是如何在他建立自我认知时产生负面影响的 。这里，我会用社会心理学研究中常常提及的名词“社会经济地位指标”（Social Economic Status）来解释这个问题。根据研究发现，一个人所处的社会经济地位与个人的心理健康水平、受教育程度的高低，以及未来生活中的幸福指数等都有不同程度的正比关系（Sowislo & Orth, 2013）。也就是说，一个人的社会经济地位越高，有关人生幸福的其他指数也相应越高。同时，环境中其他人对待SES指标较高的人也更为友善。

看过一个引发争议的公益广告，内容是广告策划人员让一个8岁左右的小女孩首先装扮成非常贫穷、无助的样子，在一个闹市的咖啡厅寻求大人们的帮助。整个过程通过隐藏的录影设备进行实时播放，让观众观察大家的反应。结果，大多数的人表现出很不耐烦的样子，希望小女孩快点走开。这个实验持续了2个小时后，广告策划人员让小女孩装扮得光鲜靓丽，手里还拿了一个洋娃娃，回到咖啡厅寻求帮助。这一次，录影机记录了有许多人伸出了援手，他们很友善地问她出了什么问题，需要什么帮助？

实验结束，广告策划人员采访小女孩，她刚刚什么感觉？她眼里含着泪水告诉大家，她不明白为什么人们对待她的态度会如此不同？她什么都没有变，只是换了衣服。

这个实验说明了人性的弱点：人们在判断自己是否需要对另外一个人友善时，会首先考虑到给予帮助是否符合自身的利益，对方给自己带来的是麻烦还是好处？换一句话说，人们会想，对他人友善的结果不会让自己承担更多的责任或者付出代价，就更愿意施以援手。

北京大学的著名学者钱理群教授曾提出过一个词，叫“精致的利己主义者”，其核心就包括了实验里呈现的现象。当然，我们不能以偏概全地说所有人或者大多数人都是这样。这并非我们讨论人性弱点的目的。这个世界上的确会有以这种原则来指导自己行为的人，所以当感受到周围人不太友善时，很有可能是你遇到了以貌取人的人，对方通过快速审视你的社会经济地位，认为你对他不具备利用价值，或者判断和你交往可能给他带来麻烦而不是好处，就不想花时间和精力善待你，和你建立关系。然而，我们无法否认的是，别人对待我们的态度的确会影响我们如何去看待和评价自己。

那么，那些比较幸运，没有在成长过程中遇到过多打击和挫折的人，就一定不是个低自尊的人吗？其实，顺利的童年成长过程和环境并不能保证他成为低自尊心理的绝缘体。心理学借用了一个医学上形容症状的名词“迟发性”来描述这个现象。

一个人可以从小在一个很和谐的环境中长大，可是当他不得不脱离这个环境，就像离开了温室保护的花朵一样，很难一下子就适应外界变化莫测的人际关系，如果此时又得不到及时帮助和心理疏导的话，他就很容易产生对自己的负面感受和认知。

练习

现在，请花一点时间思考一下，都有哪些经历让你产生了比较消极、负面的自我认知？把自己想到的方面写下来。

____

____

____

____

____

▷ 过去的一切，为何影响我们至今？

好，我们现在讨论一下为什么过去发生的事情影响力会这么强大，直到今天还在动摇着自己的信心，阻碍我们做出有利于自己的选择。

如果用一句话来回答这个问题，那么答案就是，过去的经历会塑造出一系列深植于我们内心的关于自己的“核心负面认知”。这个词我们会在后面的内容中不断提及，会进一步分析它的构成部分、发展过程和它在我们生活中得以维持巩固的原因。

举例来说，如果一个孩子不断地遭受惩罚，甚至被虐待，听到类似“你是个没用的东西，你永远成就不了任何事情，没有人喜欢你”这样的话，同时又在环境中感受不到被爱和被关注，那么他就会逐渐把类似“我是一个没人喜欢的人，我永远不够好，我一点用都没有”这种想法当作是定义自己是谁的“核心事实”。在未来的生活中，哪怕他拼尽全力证明给周围的人和自己看“我也有价值”，也难以对抗自己心里根深蒂固的核心负面认知。可以想象，当他努力取得成就时，他对自己成功的认识和接纳也是非常脆弱的，周围人一句挑剔的话就能把这好不容易取得的成绩化为虚有，把刚刚建立起来的一点点自信清零。例如，一个人克服演讲恐惧，成功完成了一场演讲比赛，评委也给出了不错的评价，但是朋友说“你站在台上的样子还挺㞞的”，他便顿时沮丧，觉得评委只是评分标准不高，自己无论怎么努力依然是大家眼里的那个很㞞的人，从而失去了自我提升和成长的动力。

练习

请回忆一下，你对自己说过哪些从根本上否定自己的话?

周围的人经常用什么样的话语否定、贬低你?

请把它们写下来，在之后的内容中，我们会进一步讨论理解、分析，并最终修正这些负面认知的方法。

复习

前面我们讨论的三个方面的问题，帮助我们理解过去的经历如何逐渐塑造了低自尊的自我认知。

我们从心理学上的概念：如何正确区分“事实”和“观点”来入手。

请你积极调动自己独立思考的力量，在你对现象、对人、对自己产生任何一个想法时，先想一想：这件事或者说法，到底是客观“事实”还是只是一个“观点”？如何证明自己对它的判断是正确的？有哪些证据可以“支持”或者“反驳”这个判断？不加思考，全盘接受自己感知到的一切，就等于把外来的信息当作无可辩驳的“事实”强加给自己，受其影响。当“观点”被自己或他人定性为“事实”的时候，它就夺走了我们的客观判断力，让我们离真相越来越越远，从而在面对这些观点时变得无能为力，它直接影响到我们自尊水平的高低与稳定。

分辨是“事实”还是“观点”，我们可以用这样的方法给过去的负面经历分类，当然，这个分类标准无法把每一个人的负面经历全部囊括，不过，利用类似这样的客观的、系统的思考方法，可以让我们重新审视自己过去的经历，重新认识自己，找到导致自己低自尊的根源。

我们还讨论了低自尊带来的影响，并多次提及“核心负面认知”这个概念。“核心负面认知”是我们每个人心里对自己、对他人、对世界最核心的负面看法。它有咒语一般的力量，影响我们生活的方方面面，并有可能主宰我们的命运。

为什么我们总是不自信？

为什么我们不断出现不自信的行为表现？

我们可以从三个小方面阐述这个问题：

第一，“核心负面认知”有两个“小兄弟”——“命令”和“假设”。我们需要分析这些命令和假设的作用。

第二，这些命令和假设在实际生活中如何控制我们的一举一动。

第三，用思维导图的方式总结低自尊形成的总体规律，让一切一目了然。

▷ 都是为了帮助自己——命令和假设的作用

我先向大家介绍一个心理学上常常谈到的词汇——“功能性”。

在认知心理学以及行为心理学领域，分析我们观察到的某种现象的“功能性”，可以帮助大家更加客观地去认识自己所感知到的一切。比如，如果我们观察到一个人自卑的表现是他不敢抬起头和别人对视，那么从心理学研究的角度来说，这个现象首先会引起我们的好奇心，想了解这个人的这个自卑行为对他目前的生活有没有任何实际上的帮助？比如，我们可能了解到这个人通过不与他人产生目光接触，而让自己不必去面对更为严重的心理焦虑状态，这，就是他“回避他人目光”这个行为的功能表现。

我另外再举一个例子解释一下功能性分析的完整思考过程。比如，一个人童年被偏心的老师不公平地对待过，导致他心灵受到伤害。因为老师只对他欣赏的学生态度友善，更愿意鼓励、帮助这些学生，而对他不喜欢的学生就比较冷漠、敷衍。一开始当他感受到老师冷漠的态度时心里会很不舒服，他就用小小的顶撞行为来表达不开心。可是顶撞老师往往会加剧老师对他的不喜欢，甚至是当众惩罚和批评他。而他渐渐地发现同学们对自己的态度也发生了变化，开始孤立自己，他感受到很大的压力。这时，为了不再承受压力，他收敛起自己的不满情绪，服从、迎合老师和同学。但是，长期这样压抑自己的真实感受，让他产生“我无法保护自己，我不能信任我自己，我必须听从别人的指挥才能不被排斥”这样的典型的低自尊心理。

如果我们全面客观地看待这个自卑心态形成的过程，就会发现，虽然从长期后果看，这样的“服从”“讨好”不利于自己建立起健康和稳定的自尊水平，但是，从另一方面来说，这样的自卑心态而导致的“顺从”行为的确可以让自己暂时摆脱那些来自强势者和环境的压力。而这就是自卑心态体现出来的功能性，即，在一定程度上，这种“示弱”的自卑心理可以让自己的自尊心避免遭受更为持续的、严重的伤害。

为了实现类似的心理功能性，保护自己的自尊不再遭受进一步侵害，我们会做出一系列的暂时性应对方法。前面谈到的“命令”和“假设”就是这些方法的幕后操纵者，它们通过思维指导我们的一系列行为，甚至形成固定模式，让我们在不知不觉中不断重复它们，形成自己应对生活环境的习惯模式，从而建立起潜在的生活“舒适圈”状态。

首先，我们来看看“命令”的定义。

命令就是指令性的语言。比如，“军人的天职是服从命令”这句话。军人在服从命令时的心理特点是不可以质疑接收到的“命令”。如果我们的大脑分析区域认定我们接收到的是一个指令，那么本能反应就是执行，而不是分析或者评估它。

以下的一些想法就属于我们给自己下的命令：

“我必须在所有的事情上表现完美。”

“我一定不能犯错。”

“我的选择一定要正确，而且每一次都必须正确。”

“我永远不能在其他人面前流露出自己的真实情感。”

思考一下，上述命令的共同特点是什么？

它们的共同特点是，都使用了“必须”“永远不能”这一类非常极端的语言。

接下来，我们来谈谈“假设”。

假设是什么呢，假设是我们人类独有的、和自己沟通的能力，我们用假设来预判自己的行为可能导致的后果，从而帮助自己更有效地规划未来。

想想看，在还没有做一件事情前，我们会不会在头脑中演练一下可能出现的情况？如果会，那很好，说明我们在利用大脑的这部分功能，做事之前都会思考一番。

虽然假设可以帮助我们计划好自己需要执行的步骤，但这个假设建立在一个不客观的判断上就会限制我们的发展。

比如，我们会说这样的话：

“我不能向别人寻求帮助，他们只会嘲笑我，不会帮我。”

“还是不要努力了，再努力也没有什么长进。”

“我健身从来没坚持下来，我干任何事情都长不了。”

这些话都有“在什么条件下，会发生什么”这样的设定。

和命令比，假设的思维结构更为复杂，听多了好像有点道理似的，很容易被自己的假设说服。

“命令”和“假设”常常组团打击我们。

“我必须逢迎每一个人，如果他们对我不满，我就没办法在公司待下去。”

“我必须有一个万无一失的计划才能开始工作，不然，我一定失败。”

“我不能素颜，别人看到我没化妆的样子，一定会认为我丑死了。”

在这些句子中，你能分清哪个部分是“命令”，哪个部分是“假设”吗？

练习

请你静静地回忆一下自己有没有说过类似的话。把它们写下来，分辨里面有没有“命令”和“假设”。

____

____

____

____

▷ 命令和假设在控制着我们

一起看看，我们的生活是怎么被这些命令和假设所控制的?

命令和假设指导我们做出一系列的行为，而这个指导就是核心想法。比如，不敢用素颜见人，核心想法是“我很丑，我不化妆别人不会喜欢我。如果我不被人喜欢，我就会很自卑，所以，我一定要每天都化美美的妆，不化妆就不见人”这里面有:

命令——“我必须化美美的妆，才可以见人”;

假设——“我不化妆，没有人会喜欢我”;

功能——“我化得漂亮，就被人喜欢，我就可以不自卑”。

通过这个例子，请反思一下自己为了避免遭受自卑心理的影响而执行的命令和假设，判断这些命令和假设与我们的哪些行为直接相连?

这个例子里的女孩子在用保养和化妆来维护自己的自尊和自信心，并非说注重外表就一定是低自尊的表现。这个例子是用来说明一个人和他心里的命令和假设是什么样的关系，他是不是正在被“命令”和“假设”所控制。

如果这个女孩每天花大量的时间打扮自己来维护自尊自信，根本没有时间或者没有兴趣做其他事情，那么我们可以判断，这是低自尊心理引起的自我保护行为模式。可是，如果她只是喜欢化妆和保养自己，不保养不化妆也能照常生活和工作，那么保养和化妆是她让自己感到快乐和幸福的手段之一，而非命令和假设，这个过程中更没有出现“必须”“一定”“如果怎样，就会很糟”类似这样的负面的、极端的心理活动，而让自己的情绪受到困扰。

练习

请想一想，有哪些“命令”和“假设”在控制着你？

它们对应的行为都有哪些？

希望通过这两个练习可以帮助大家增加自我觉察能力。

____

____

____

____

▷ 图解低自尊

梳理“核心负面认知”、心理学现象“命令”和“假设”

的关系，可以帮助我们认识到每一个行为都有它的动机。

在心理学领域，用思维导图的形式推导我们在生活中观察到的现象，这样创造出来的图示，我们称之为“思维模型”。

这个简单的思维导图总结了我们前面讲的核心内容，大家可以通过参考图 1 休眠状态的低自尊心理形成模式中的内容进行了解。

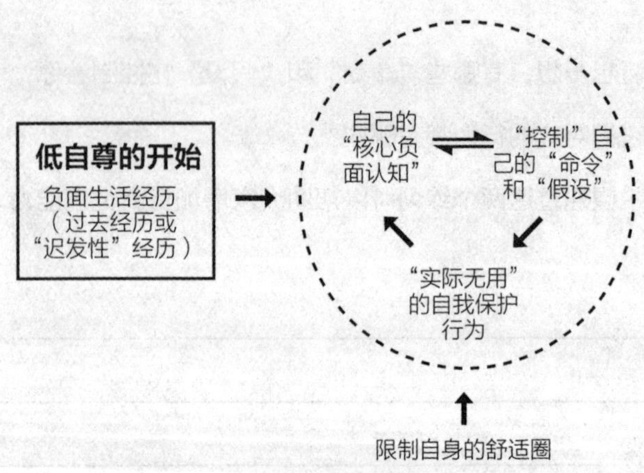

图 1　休眠状态的低自尊心理形成模式

练习

根据自己的理解，用自己的语言，解释一下这个“思维导图”。

____

____

____

____

复习

分析思维导图，我们能发现：

首先，低自尊心理产生的源头是自己过去的负面生活经历和体验，相对来说，童年、青少年时期的负面记忆对自尊水平造成的打击和影响比较大。这是因为孩童和青少年的大脑认知能力正处于发育成长阶段，对外界的反馈不具备客观甄别能力，所以，在这期间孩子如果不断地接收到关于自己的负面观点，就非常容易内化这些针对自己的负面观点或看法，从而产生导图中标示出来的“核心负面认知”。

当然，在这里我也补充标注了“迟发性”这个词，表示我们的负面体验也可能发生在自己脱离了良好生长环境的保护之后。比如，独自出国留学，或刚刚进入竞争激烈的职场后，被外界的负面反馈影响了自尊水平。

请注意，在思维导图里，我使用虚线连接了“过去负面经历”和“核心负面认知”。

这个虚线代表的意思是：这些过去的或者迟发性的负面经历或体验并非一定会导致我们产生核心负面自我认知。

许多心理学上的研究证明，有相当一部分生活在恶劣环境中的孩子依然可以成为身心健康的社会人。

这个现象，鼓励着热爱研究人类心理学的学者和从业者探索，到底是什么原因让他们成为免遭低自尊心理干扰的“幸运儿”，同时也给正在勇敢面对低自尊心理问题的人以希望：如果过去的不良经历没有成为限制这些人的枷锁，那么我们也可以不受过去痛苦经历的干扰和影响。

接下来请注意，思维导图里“命令”和“假设”以及它们之间的互动关系。

通过“命令”和“假设”的指导，我们采用一些“实际无用”的自我保护行为来躲避低自尊心理带来的伤害，最终形成一个控制我们的“闭环”——限制自身发展的“舒适圈”。

这个舒适圈让一切以一种熟悉、确定且安全的状态运行着，它可能让我们在不那么舒服的状态下“进行”每天的日常生活。如果我们一直待在这个状态里，就难以得到突破和成长的机会。这正是图1名字的由来——休眠状态低自尊心理。

演讲恐惧就是这样一个典型案例。

如果自己曾经在公众演讲场合感受到羞辱感，让自己产生“我在大众的面前是不安全的”这样的核心负面自我认知。为了逃避这种不安全感，他就会发出命令——“我必须避开任何需要出现在公众场合的事情”，从而指导自己远离公众场合，把自己封闭在充满安全感的舒适圈，不肯走出来。

为什么摆脱不了低自尊的影响?

▷ 我们对信息毫无抵抗力——记忆需要审视

为什么说，我们对信息可能是毫无抵抗力的呢?

解答这个问题之前，让我们首先要弄清楚“信息”是如何被输入进大脑认知系统的?在信息输入的过程中，各个环节出现了问题，会导致哪些相应的后果?如果低自尊心理是一个因为信息输入偏差所导致的后果，那么，到底是哪些错误的信息被输入了?

为了更形象、也更容易理解这个概念，我们用电脑信息处理模型来类比人类大脑处理信息的过程。因为这两者间有许多相似之处。

简单来看，电脑和人类大脑的工作流程都从接收信息，即输入功能开始，再进入处理信息的流程，然后通过复杂的分析、归纳、理解等步骤，逐步做出决策，即，组织并输出指令，最后，就是执行指令。当然，这是一个非常粗略的描述，实际过程非常复杂、多变 。

那么，在信息输入过程中会出现哪些问题?

首先，我们无时无刻不被各种各样的信息源所包围，大脑每天都要处理很多信息，其具体数量则很难给出一个可以量化的答案。而我们要从海量的外界信息中“挑选”出需要被输入的特定的信息，并不容易。

挑选被打了双引号是为了说明，其实这个挑选过程是异常复杂的，心理学专业的人，甚至需要用一整个学期来研究和学习，大脑是如何使用注意力来确认优先输入哪些信息以及如何输入它们。在这里，我们简单地解释“注意力”与信息优先选择之间的关联。

那么，哪些信息会被优先选择呢?

心理学研究发现，母乳喂养的孩子能更加快速地识别出母亲的面容（Farroni, Csibra, Simion, & Johnson, 2002），即，信息的优先权和婴儿的生存机会有着密切的关系。妈妈不在身边时，婴儿就会哭闹，可是一旦看到妈妈的面容，闻到妈妈的味道，或者听到妈妈的声音就会安静下来，因为婴儿知道，当自己接收到与妈妈相连的信息时，就意味着自己可以得到照顾，就会更加安心。

不过，随着孩子渐渐长大，信息输入不再单纯是为了生存需要而设计，日益丰富多元的原因和动力导致信息输入的需求变得更为复杂，也带来了更加复杂的问题。

例如，当一个人有了自我意识之后，大脑会逐渐在内外环境的共同作用下不断完善“我是谁”这个概念。而当大脑熟悉了有关于“自己”的一切之后，就开始挑选那些自己熟悉的，或者认为和自己关系更密切的信息来优先输入，这也造就了“主观性”现象。

而且，这个输入过程可能还会发生在潜意识层面——我们可以把这个现象理解为大脑开始“犯懒”了，因为我们的大脑不再像小时候那样对什么都好奇，都想探索，而是偷懒套用长期形成的固定模式、固定的方式来处理信息。毕竟，在现实生活中，我们的大脑处理信息的量是有限度的，这也需要我们高效率地利用自己的大脑资源。

为了节约时间和精力，大脑在逐渐形成“自己”这个自我认知概念之后，会使用它开始区分哪些信息和“我”有关或者是“我”熟悉的，而同时也会倾向于忽略不熟悉或者和自己关联不大的信息，好让自己不必过度花费时间、精力去分析处理它们。那么这样推理，造成一个人低自尊思维模式的一个根源就是，我们可能筛选并输入的那些与自己相关的、熟悉的信息，恰好正是对建立健康自信不利的信息。

“核心负面自我认知”就属于这一类的信息。虽然它会妨碍我们建立健康积极的自我认知，但因为它具备高熟悉度和与自身高度相关这两个特点，这些负面信息依旧被大脑优先选择、输入，导致自己分析并感受这些负面信息，从而对自身和环境产生负面认知，而做出带有偏见的判断。

我们用实际生活中的例子来解释这个现象：假如一个人的生活圈子里有一些不友善的人，他们可能是朋友、同学，也可能是家人、亲戚，当这些人对自己调侃、冷嘲热讽，甚至使用语言暴力或情感暴力时，会让我们感觉自己不被周围的环境所接纳，从而产生带有负面偏见的自我认知，让一个人产生自我怀疑、自我否定，甚至自我攻击。

比如，一个人因小时候学习成绩不好经常被叔叔婶婶评价为“笨、不会读书、浪费家里钱”等等，听了这样的话，孩子的心里一定会很难受。如果此时孩子的父母为了顾及亲戚面子或其他原因，不制止亲戚对孩子的嘲笑贬低，甚至会随声附和亲戚来贬低孩子，时间久了就会在孩子周围建立起一个对自我进行负面评价的环境，让孩子对这些不友善的行为习以为常，直至产生认同。

与此同时，孩童不成熟的认知能力注定了让他们容易成为负面环境里的受害者，因为孩子根本不知道如何正确应对这些不愉快甚至痛苦的经历。孩子的大脑在成长的过程中对这些负面信息的反应逐渐敏感，把优先输入对自己不友善的信息发展成为默认习惯。

信息输入之后，就是对信息的处理，即“解读”。

继续前面的案例，孩子对亲人们的冷漠、调侃、妒忌，或者不作为等行为进行解读，得到的结论是“因为我不够好，所以他们会这样对待我”。这种解读对孩子造成的伤害之一就是会让孩子产生“自我厌恶”，讨厌并回避人际关系，拒绝与人亲近，因为孩子根本不相信别人会喜欢、善待自己。而这种孤立自己的状态会强化孩子的低自尊心理，最终形成恶性循环。

同时，结合之前在信息输入方式的环节里我们提到大脑往往会不去深入分析熟悉的信息，而做出“因为这个情景很熟悉，所以它和我的关系很密切”类似这样囫囵吞枣式的解读。这个解读产生的后果是当所谓的熟悉信息让自己自尊受伤，感到痛苦时，大脑甚至会以“自我欺骗”的方式进行进一步解读，即，告诉自己这是正常的，以保持内在的认知协调，避免让自己消耗更多精力去做反抗，所以更不会搜集证据来推翻自己从环境中接收到的负面反馈。

可是，为什么大脑会让我们认为“我被这样对待是正常的”呢？

那是因为我们没有那么多可供参考的模式、那么丰富的人生体验来协助我们做对比，做判断，分析对错。当自己生长的环境出现高度一致性且长期的对自我进行贬低情况的时候，一个人的内心虽然承受巨大压力，可是苦于没有足够的知识和体验来判断人性、了解自我，在面对内心的认知失调状况时，就只能通过不断强化认同自己内心深处的核心负面认知，例如“我的朋友们和亲人们都这么对待我，都说我这不好那不好的，那我一定是一个不值得被爱的人，一个没有用的人”这样的方式来让自己认同大多数人或者重要他人的意愿，好保持自己内外的认知协调，避免受到更大的精神和心理折磨。

练习

回忆一下最近发生的让自己心里不舒服的事情，重点关注这件事情传达了什么信息？这个练习帮助我们觉察自己容易把哪些信息优先输入到自己的思考过程中。

这个信息给你的第一感觉是什么？

如果无法明确自己首先关注到的想法，那么可以觉察一下，自己首先体验到的是什么感觉？

____

____

____

____

对许多人来说，感觉比思维来得更直接，不过感觉往往都有它相对应的思维内容。比如，一个人感受到“羞耻感”，当他仔细探寻与这个感受相对应的想法时，可能会觉察到其相对应的想法是“我知道自己软弱无能”。不过，如果这个探索过程让你不愿面对，就暂时停止练习。因为不好的感觉是过去的创伤性体验造成的，不建议在没有专业心理疏导的情况下自行回忆，以免激发创伤感受，伤害自己。

▷ 再看“命令”和“假设”引发的行为——找回初心

为什么由“命令”和“假设”引导的行为是“实际无用”行为？

回到不敢素颜见人的女孩子的案例，如果她是因为担心没有完美妆容，大家不喜欢真实的她（想法）而逃避社交（行为），在“功能性”的作用下，这样的想法和行为确实可以暂时帮助她达成目的（化妆让她社交时更自信）。大家赞美她的妆容时，她的自尊心得到暂时的满足，产生“有颜值就有价值”的想法，从而导致自己不断地做出“饮鸩止渴”的行为——只有不断维持住颜值来确保自身的价值感。

这反映了思维导图中展示的“实际无用”行为的意义，即，用某一行为进行“自我保护”，达到“提升自尊”的目的。但这种暂时性的体验无法盖过自己内心深处的负面信念，例如，“我不值得被爱”“我没有价值”等这样的负面认知依然存在，依然在潜意识中运作。核心负面认知会让这位女孩子对任何有关自身形象的反馈信息都格外敏感，将它们“优先”输入，形成与其对应的行为模式，重复执行，甚至成瘾，比如，化妆成瘾、整容成瘾。

一旦形成重复性闭环思维和行为模式，就很难产生动力或者勇气去尝试新的模式，或者验证这一核心想法是否客观，从而失去更多丰富的生命体验。

设想一下，如果这位女孩子在不化妆的情况下与朋友见面，发现大家依旧很友善，并没有在意她的妆容，夸她素颜更真实更美，那么，她能否会重新审视“颜值即价值”的价值观呢？

只有具备了验证自己核心认知的勇气，才能了解低自尊心理形成的原因，从而鼓励自己改变。

练习：找回初心

回想一下，自己的生活中有多少这样的“闭环”？

它们阻碍了你做哪些尝试？

当你迈出尝试的第一步时，面临了哪些困难，你会失去什么？

____

____

____

____

复习

有熟悉感、已被自己判断为与自己高相关性的信息，会被“优先选择和输入”进我们的大脑。大脑用更省力的方式，比如，以惯性思维模式“解读”这些信息，给了负面评价信息吸引我们注意力的机会。这是核心负面自我认知突破我们心理防线的第一步。

接下来，大脑的“解读”功能会发挥作用。刚刚提到，因为大多数时间大脑为了更高效率地运作，会采用一些“默认”模式来处理自己熟悉的信息种类，那么如果一个人在成长过程中，每当被贬低、指责的时候，反而会用更严厉的自我攻击和自我贬低的方式来当作让自己受到鞭策，变得更好的指令，长此以往，大脑就会把“默认”处理类似负面信息的方式设定为对自己严苛的责难和挑剔。那些被优先输入负面信息一旦被我们重复使用，谈何积极愉悦的心情？这就好比同在起跑线上，有些人的腿上早就绑满了重量不一的大大小小的沙袋，他怎么可能轻快地奔跑。

最后，我们需要注意分辨自己是否被“命令”和“假设”所控制，而不断去制造一个又一个的“认知行为闭环”，即自己的舒适圈，循环往复地执行这些“实际无用”的行为，让自己维持并保护所谓的自尊和自信，避免承受打击。

尝试新方式是打破这一闭环的方法。

看清低自尊

▷ 危险信号

任何心理状态以及行为的发生都有一个过程，我们可以观察、感受在它发生之前、发生过程中，发生后，我们有哪些感受、想法和行为。而在“发生前”观察到的信息就是该心理现象即将发生的预警信号。让我们一起分析一下有哪些信号会预示着低自尊心理状态即将产生?

每一天，当我们一睁开眼就会面临各种各样的挑战和烦恼。如果当这些挑战或烦恼和我们的“核心负面认知”，以及我们给自己创造或者从环境当中接收到的“命令”和“假设”相结合的时候，它们就会形成被我们称之为“危险场景”的状态，例如“我的工作成果被老板批评”这样的场景就是“危险场景”，因为在这种情景下，造成一个人低自尊心理的“核心负面认知”(例如，“我就是一个无能无用的人”)很容易被引发，从而会导致一系列自动运行的“命令”(例如，“我必须把这件事完成好，向老板证明我有能力”)、“假设”(“如果我表现得更听话一些，老板会对我满意的”)来指导自己的默认行为(比如，“更加废寝忘食地加班加点”“在老板面前承受他的无妄指责而不敢有丝毫反驳’”)。

而往往，我们自己的“核心负面认知”会被层层包裹，未必能被自己立刻敏感地觉察到——事实上，一个人的“核心负面认知”常常会是在专业心理医生或者咨询师的引导下，才可以逐步被挖掘出来。虽然本书中介绍了一些基本的认知心理学方面的知识，可是，这有可能并不足以让读者朋友们依靠自学的道理把深埋于心底的“核心负面认知”显现出来。如果自己感觉到生活中会有一些自己无法言明的负面感受在限制自己成长，让自己无法自在地生活，则很有可能会是自己的核心负面认知在干扰自身，从而影响到自己的心理健康。此时，还是建议读者朋友可以考虑和专业的心理医生探讨自己的问题。

认知心理学的奠基人Aaron Beck博士这样分类了深层次“核心负面认知”，认为一个人的核心负面认知基本上可以划分为三大类：

1. 我不值得被爱（loveless）。

2. 没有人帮助我（helplessness）。

3. 我没有价值（worthlessness）。

Beck博士说，这三种原因令人对自己产生发自生命根基处的负面感受，从而降低自己生命存在的意义感、价值感，以及幸福感。

“核心负面认知”虽然隐藏得很深，但在它影响下衍生出来的、与“命令”和“假设”相关的想法却非常容易被感受到。

当我们面临挑战时会立刻产生应激式的反应去执行这些“命令”或者“假设”。比如，已经堆了很多工作，领导却让自己赶一个工作报告。此时，内心的“命令”语句指挥我们“不能让领导失望，不能让他认为我没有能力”，进入自动设定的“拼尽全力得到领导认可”模式。根本不敢向领导提出要求暂缓或者取消手头上一些其他工作。

看，在“我绝对不能怎样怎样”这种极端的、缺乏灵活性的指令式思考方式的影响下，自己会感觉没有其他的选择，只能逼迫自己，害自己不堪重负。

如果自己无法完成任务，就会对自己感到失望，而不会分辨导致工作受挫的客观现实。自动把责任归咎于自身的心理，会彻底激活隐藏着的核心负面认知（如，“我的确很无能”）。遇到挑战时，第一时间将它和极端的、不切实际的、欠缺灵活性的“命令”和“假设”相结合，被“命令”和

“假设”吓到：你一定要怎样怎样，不然就会有很糟糕的后果。低自尊心理状态被激活，恐惧心理影响当下的心情和想法。我们把这些很负面的想法统称为“预期偏见”和“负面自我评估”。

“预期偏见”和“负面自我评估”干扰着当下的行为，“实际无用行为”接踵而至。

那么，为什么要把在低自尊心态活跃状态下的“命令”和“假设”统称为“预期偏见”和“负面自我评估”呢？它们同“命令”和“假设”本身有什么不同？

“命令”“假设”与“预期偏见”“负面自我评估”之间存在着细微的差距：

在休眠状态下的低自尊模式，产生的命令或者假设，对我们具有更加强大的控制力，甚至会在潜意识层面进行工作。它们最主要的作用是预防自己的“核心负面认知”被触发，所以它们的运作往往针对的是未来可能发生的情况。这样的思维方式成了习惯，成为“本能反应”，我们就很难觉察到命令与假设的存在。

但在当下，我们一般会抓住并觉察到一些思维线索，这些思维线索受到“命令”和“假设”的影响，产生了“预期偏见”和“负面自我评估”。“预期偏见”和“负面自我评估”

是意识层面的，出现的速度比“命令”和“假设”更快，会针对当下做出即时反应。

回到前面的例子，“预期偏见”就是接到超额任务时的第一反应“这个任务难度太大了，一定很难完成”，而不是冷静客观地思考任务具体难在哪里，哪些部分自己可以解决，哪些需要别人帮忙。即，一上来就把任务定性为“困难任务”，既没有分析也没有评估，预期充满了偏见。

“负面自我评估”，则是类似这样的想法：“我根本不能胜任这个工作，领导为什么要派给我？”并没有证据直接证明一定不能胜任。仅仅是因为之前没有尝试过，或者曾经尝试但失败，就一口咬定做不到。本质上是对自己当下能力的负面评估。

“预期偏见”和“负面自我评估”包含的内容，有时可能与“命令”“假设”，甚至“核心负面认知”相重合。这在那些受核心负面认知影响非常严重的朋友身上，发生的机会非常大，因为他们可能随时随地都感受到来自自己对自身最深的厌恶和负面评判，所以，在他们身上，这些分别就不会那么明显了。如果你感觉自己是属于这个情况，我会建议你尽快找到专业、合适自己的心理医生来帮助自己疏导解决 。

我理解在本书内容的开始部分，大家可能会接触到比较多的心理名词，它们可能会让我们感觉阅读起来会有一定的挑战，这非常正常。不过，用明确的语言把一些概念标示出来的好处是，它可以让我们更加准确、细致地形容出自己的经历和体验。这就好像我们把阳光邀请进自己的屋子，照进有阴影或者有困惑的角落里，让我们用语言把它们展示出来。能够表达明白，我们也就更加有信心去面对、处理好这些问题。

所以，总结来看，那些带有潜在的触发自己的“命令”和“假设”开始工作的“危险场景”，会激发当下我们对事件的“预期偏见”和“负面自我评估”，而它们就是我们需要注意的危险信号——引发低自尊心理的“警报器”。

练习

回忆一下最近几天自己的“警报器”是否被触动，是什么场景？

简单描述该场景，并寻找脑海中的“命令”和“假设”是什么，你想到的糟糕结果是什么？

该场景给你带来了什么样的情绪？

____

____

____

▷ 固执的低自尊——图解活跃性低自尊心理模式

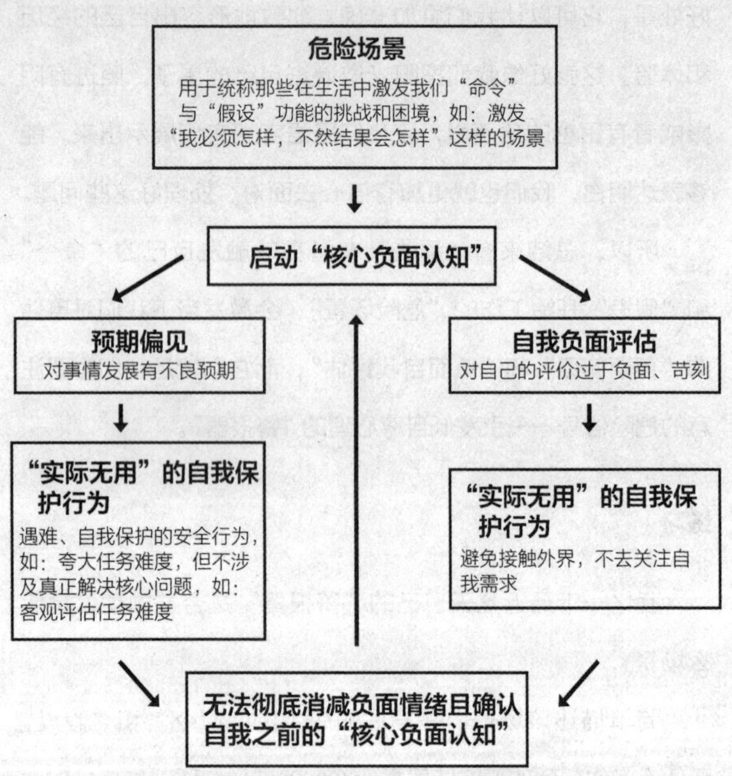

图2　活跃状态下的低自尊心理形成模式

细细观察图2就会发现，这张思维导图是从“警报器”环节入手进行解析的。危险信号是现实中的挑战与“命令”“假设”相结合，让我们产生“我必须要……不然就糟了”的危机感，此时“核心负面认知”开始暗潮汹涌。不过，大多数人是无法觉察到自己的“核心负面认知”正在被触动，这是因为一个人的精力已经被调动去应对“命令”和“假设”给自己带来的心理压力上了。同时，“核心负面认知”这个司令也已经在幕后启动了对当下情况产生消极设想的两个思维设计师，就是“预期偏见”和“负面自我评估”。

如果深入观察思考，我们会发现“预期偏见”和“负面自我评估”常常会同“命令”和“假设”唱反调。这是为什么呢？

这恰恰是因为一个人自动反映出来的“命令”与“假设”对我们自身的要求往往是过于严厉和不切实际的，所以才会导致自己感受到巨大的心理压力。而在当下，当我们感受到这种巨大的心理压力时，“核心负面认知”这个司令会更加强烈地输送针对自己的负面观点，好让自己不要给自己那么大的压力。

回到上一个案例，“命令”和“假设”的要求是，让自己完成不可能完成的任务，这样糟糕的后果就不会出现（老板不会看不起我）；“预期偏见”和“负面自我评估”的结果是，“任务不可能完成”（预期偏见）和“我根本没有能力”（负面自我评估），可是自己却仍然硬着头皮接下任务，结果以失败告终，自己产生内心自我指责“责任都在我”（负面自我评价）。

这个情形就像自己被卡在进退两难的境地中，退，承认核心负面认知是完全正确的，更加不认同自己；进，则逼迫自己去完成更多任务，可能是自己根本不情愿的，也很可能是自己能力之外的工作，这样也会导致自身精力、心力过度消耗，而无法圆满完成任务。

如果选择进，自己在“预期偏见”或者“负面自我评估”影响下催生出来的思维方式，比如去夸大任务的难度，就是此时此刻的“实际无用行为”，而这些实际无用行为因为并没有从实际上帮助自己解决问题，比如，没有让自己锻炼客观评估任务困难性的能力，来找到解决方案，而只是凭负面感受认为任务难度大。所以，带着这种心态去执行任务的自己就极有可能会达不到期望中的良好结果，从而产生无助情绪。我们知道，当一个人陷在负面情绪当中，是非常容易对自己更加失望、挑剔，甚至憎恨的，那么这时，就更容易证实我们内心深处最担心的关于自己的“核心负面认知”——比如 Beck 讲到的“我没有价值”。

再举一个例子。

Andy 的一个核心负面认知是“没有人会帮助我”。通过之前的学习，我们可以推测，Andy 可能在小时候向家人或者别人求助的过程中很不顺利，或者当他表达需要帮助时，可能会被批评，责怪，甚至被暴力对待。那么，他的这个“我不能求助，没有人会帮我”的想法就沉入他的心底，形成自己的“核心负面认知”，直接或者间接地开始影响他处理生活里一切事务的态度。

某天，他和隔壁部门的同事小张协调某个项目。“报警器”出现，他开始紧张，心里有个声音在说“一定不要麻烦别人，要靠自己完成工作”（命令），“我如果寻求帮助，他一定不会帮助我，还会嘲笑我”（假设）。所以他一直在思考如何在不麻烦小张的情况下，完成这个任务。

但他很清楚这个项目必须跨部门合作，所以设想出各种糟糕的严重的后果，很自然地抱怨自己无能，认为都是自己的懦弱才导致无法完成任务。这种抱怨自己的行为就是很典型的实际无用行为。

这里，我们谈到的“预期偏见”，比如，“小张会嘲笑我”和“负面自我评估”，比如，“我是懦弱无力的人”都有可能出现。

回到图2会发现，一旦Andy和小张对接工作进展不顺利，就会激发Andy的负面情绪，陷入痛苦，承认“我只能孤军奋战”。让他的“实际无用行为”（“我只有在不求助别人的情况下，才可以工作”）得以维持下去。由此，他的核心负面认知

“不会有人帮助我”再一次得到了强化。

这也解释了类似“我认为自己不好，事实上真的不好”负面自我预言产生的根本原因和过程。

用不断验证和强化自我负面认知的方法看待自己和别人，怎么可能从低自尊心态中跳脱出来！

▷ 用思维导图呈现自己的经历

完整的低自尊心理形成模型由“休眠状态的低自尊心理形成模式”和“活跃状态的低自尊心理形成模式”共同组成。

在大多数情况下，休眠状态的低自尊心理模式，是受过去的创伤性经历或负面经历的影响形成的。它就像潜藏在海平面下的冰山一样，坚硬、顽固，影响范围又深又广。

之所以是休眠状态，是因为我们长期采用由“命令”和“假设”指引产生的“实际无用”行为，避免触及“核心负面认知”。也正因如此，休眠状态的低自尊心理模式无法得到有效的处理和解决。

每一次我们避免触及“核心负面认知”，都是在给一个地基不稳的建筑物不断地增加重量，给薄弱的地基带来更大的压力。

这就好比是一个人根本不清楚自己到底有哪些长处、短处，他就不能客观地去看待和分析遇到的问题。再加上环境影响（自己不被善待），他也可能会从众地讨厌、憎恨自己，以求自己被环境所接纳。这也解释了为什么大多数人会非常在乎别人看待自己的眼光，因为这意味着自己是否被生存的环境所接纳，是否安全。

能够和环境和谐共处，并不是指改变自己迎合别人他人。

因为环境中有那么多的人，有那么多的要求，我们怎么可能满足每一个人对我们提出的期望和要求？！

如果生存的前提条件是不断遵从他人意愿把自己改变得面目全非，是否意味着自己真的得到了接纳？如果我们做不到满足每一个人对自己的期待，是否意味着自己的存在没有意义和价值？如果一个人受到因为无法满足自己生命中那些重要他人的期待而感觉自己的存在没有意义和价值，就会导致我们对自我的厌恶和背弃。我们的人生必然成为悲剧。如果你希望自己的人生是丰富多彩的、幸福的，那首先要做到的就是深刻、清晰、客观地认识自己。

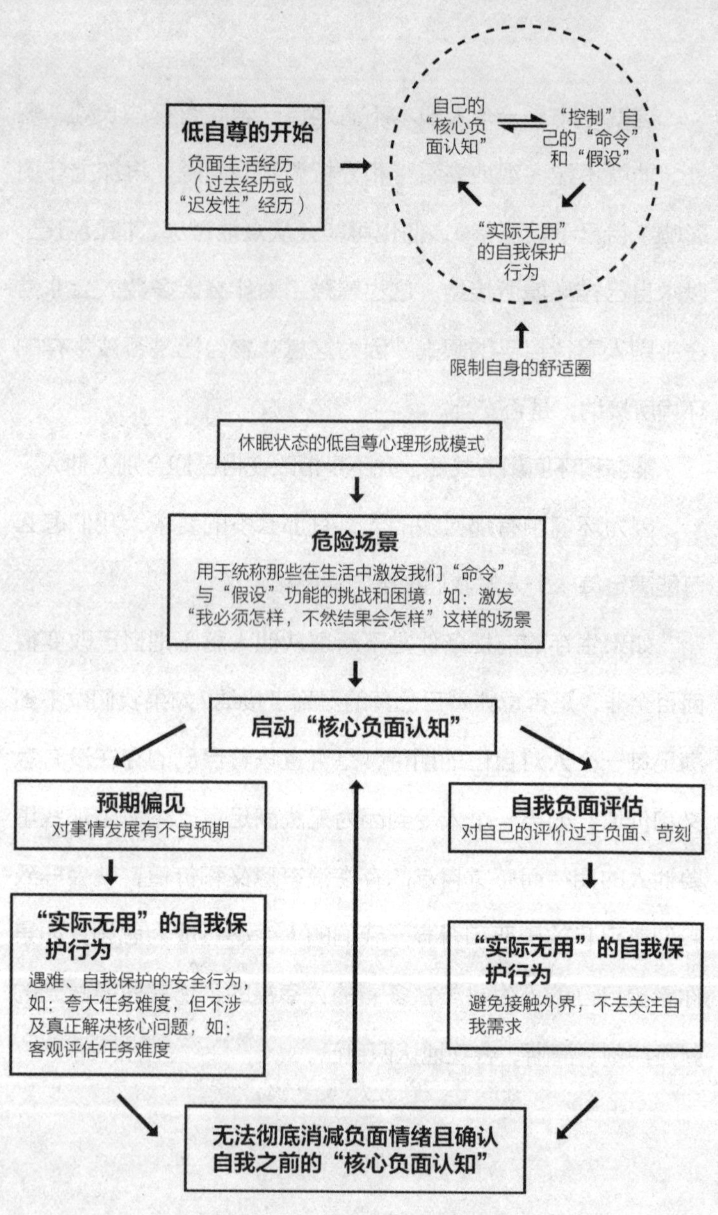

图3　完整的低自尊心理形成模式

总结

自己才是自己经历过的、正在经历着的每一个生命现象的权威解读者。所以一定要质疑、分辨那些影响着我们的想法到底是客观“事实”，还是来自外界的，或者被我们不加思考地认为正确的“观点”。一旦我们认定它（们）是无可改变的事实之后，它（们）就拥有了控制我们人生的力量。

面对外界信息，是否感觉无力？

别人的态度，甚至一个眼神就让自己处处谨小慎微，生怕得罪了人。为什么会这样？

这是因为自己不能正确、客观地看待自己。

打个比方，你正在练习射箭，却一直怀疑自己会射偏，因为你不相信自己的手能稳住弓箭，不相信自己的眼睛能瞄准目标，不相信自己的大脑对目标方位的判断是正确的……不自信的根源很可能是你在成长经历中从来没有得到过周围人的积极反馈，总是被否定、指责。

如果这种情况是实际存在的，那么就不难理解，这种无论事情大小，总急切地渴望从环境中得到肯定的建议和反馈，以此确定自己下一步该做什么的心理状态。

这是典型的依赖心理，而导致依赖心理产生的原因就是不自信引发的自我怀疑。

一旦形成依赖性心理，我们就会对身边人的一举一动非常敏感，极其紧张、认真地解读这些信息，并依据这些反馈做出行为。外界信息互相矛盾、不统一时，就会无所适从。

在依赖心理的作用下，一遇到挑战就希望别人给出解决问题的方法，而且一定得是立刻有效的方法。如果问题得到了解决，这种状态下取得的成功，根本无法帮助我们积蓄自信心和内在力量。如果问题没有得到解决，我们的心灵会受到双重打击，一重打击来自“别人”，即，我们认为的权威的外界，他们的批评、挑剔和质疑，会强化我们的核心负面认知。另一重打击来自我们自己，更加厌恶和否定自己，进一步强化核心负面认知。

这个局，怎么破?

首先要慢下来，给自己充足的时间客观地认识自己，找出自己的优势、劣势在哪里?是哪些因素在影响我们建立自信?没把问题看清晰就急着解决问题，这样的心态必然导致焦虑和无计可施。

认识问题——分析问题——理解问题——解决问题，这样的思考路径有助于了解低自尊心理到底是怎么一回事，然后再对我们经历过的和经历着的事情做详尽深入的分析，找到低自尊心理的问题根源，想办法摆脱低自尊。

每个人的低自尊的根源都不一样。

在亲密关系中屡屡受伤的体验造成的不信任，不相信真的有人喜欢自己，投射出“他总有一天会像他们一样责怪我、否定我”这样的想法，形成自我责怪型的低自尊。

从小缺乏独自完成任务的锻炼机会，从而不断产生挫败感，事事依赖他人，形成低自尊……

低自尊心理形成的原因虽然很多，各自不同，但利用思维导图等心理学工具，我们可以厘清思路，找到问题真正的根源，有针对性地解决这些问题。

好，现在我就开始训练认识问题、分析问题和解决问题的能力。

最常见的低自尊有以下三类：

第一，自我认知容易受到他人、外界环境的影响，事事小心谨慎，担心出错，导致自尊水平降低。

第二，不知道自己在人际关系中如何自处才是正确的，更不知道要如何与他人相处，从而引起低自尊心理。

第三，无法拒绝别人，内心不想却依旧违心做。过度压抑自己的感受，久而久之，对自己的感受越发不清晰，也就无从判断自己是否应该拒绝别人，产生低自尊心理。

这三类问题具备一个共同点：对自己缺乏客观清晰的认识。

对自己缺乏正确、客观的了解，导致不知道自己需要坚守的价值观是什么，也不清楚自己和他人的边界在哪里，从而无法做出适合自身的人生选择。

客观认识自己，在心理学上被称为“自我觉察”，指一个人有意愿并且有能力清晰地认识自己的本事（Eurich, 2017）。

这个定义，是美国商业心理学家Tasha Eurich在她的畅销书《洞察力》（*Insight*）中提出来的。

“意愿”和“能力”，强调的是，自我觉察首先需要我们自发地产生想要了解自己的欲望，而不是把别人对我们的评价内化成对自我的负面认知，不再接纳自己，只是为了“摆脱”掉别人的评价（例如“无能的人”），才急着变成另一个强大、成功的人。这种从心底里产生的对自我的排斥，会导致我们失去了解自己的欲望。所以，我们最需要的正是让自己重新燃起对自己的好奇心。

只有深刻地了解了自己，才能避免受他人的干扰。

而一个人的“自我觉察能力”，则因人而异，因外在环境条件限制而异。

比如，受教育水平的差异会影响一个人的自我觉察能力。研究发现，一个人接收到的教育水平越高，他的自我觉察能力也相对较高（Richards, Campenni, & Muse-Burke, 2010）。当然，这并非说受教育水平不高的人就一定无法做到自我觉察，实际上，大多数愿意反思自己的人，都可以在不断地自我觉察练习的过程中，得到一定程度的自我认知能力的增长。

我说大多数人可以做到这样是有原因的，因为的确会有一部分人很难通过反思自己获得自我觉察能力的提升。比如，一个人过去的经历太过于复杂、扭曲，可能会让他成为有人格障碍的人，一旦形成人格障碍，他很难从一种固定的思维模式中抽离出来，无法像大多数人那样站在客观的角度看问题，或者具备换位思考的能力，从不同的角度来理解自身（Millon & Davis, 1996）。所以，如果你感觉到无论自己多努力，都无法脱离一种固定的思维模式（比如，总是感觉有人要害自己；认为别人都不如自己有价值；极度想控制别人、掌控局面，等等），但又察觉到固定思维模式正在影响着自己的生活质量和人际关系，那么我会建议你找专业的心理医生，通过系统的干预手段来帮助自己进行调节。

在《洞察力》一书中，Tasha讲到，自我觉察包括七个主要的支柱：

对自己价值观的觉察力

对自己热情的觉察力

对自己抱负的觉察力

对自己是否与周边环境相匹配的觉察力

对自己行为模式的觉察力

对自我反应的觉察力

对自我影响力的觉察力

这些看起来都不难理解，比如对自己价值观、热情、抱负这三个方面的觉察力。我建议大家从现在开始尝试探索这些问题。

后面的几个觉察力涉及一个人日常生活的各种细节，我稍微解释一下。

我们可以用社交恐惧为例来思考如何理解一个人的环境匹配度觉察力的使用。

社交恐惧是一个信号，告诉我们，自己和所在环境的匹配度不高。可以观察一下，自己的社交恐惧是随时随地都会产生，还是会在特定环境、条件下才会产生？如果只有在特定的环境或条件下才会发生，那么我们需要分析环境里有什么东西是自己不适应的？如果是环境出了问题，我们不一定非要强迫自己适应它，而是积极寻找更加适合自己的环境。

对自己行为模式的觉察，可以让我们成为观看自己人生演出的首席观众。

以观察者的角度分析理解自己的故事，看看自己是否有一些固定的处理问题的模式。

比如，在意别人对自己的看法，所以尽力维护好和他人的关系，包括讨好他人。分析讨好行为的“功能性”，仔细盘点一下讨好行为到底给我们带来什么好处？这个好处是暂时的，还是长期的？它的坏处又有哪些？更关键的是，想想看，自己讨好的对象具有哪些共同特点？是否是权威、亲密的人？他们是否用强势的态度，或者让我们产生负疚感的做法，让我们不得不讨好他们？

这些思考帮我们发现自己的人际交往、亲密关系到底出了什么问题。

比如，一直处于一种被操控、被掌握的关系中，是无法让自己真正成长、独立起来的，更谈不上建立自信、自尊了。

接着，我们谈一谈对自己反应的觉察。

每个人在不同情景的刺激下出现的情绪、思维、感触以及行为上的反应，都是不同的。对自我反应的觉察，倾向于针对当下的反应。它可能是，也可能不是自己行为模式的一部分。但是，如果我们够细致，觉察出反应中细微的变化就能够帮助自己更为准确地同自我沟通。

举个例子来说，当我们同某个陌生人初次相见时会觉察到自己浑身上下都不舒服，说不上来是因为什么，就是感觉不安全。捕捉到了这样的反应，理性分析这不安的理由是什么？我个人就曾经有类似的体验，觉察到自己对某人的异常不安感，便对他多加留意，结果发觉自己的感受确实是合理的。正因为我非常慎重地对待这段让自己感到不安的关系，才避免了一次很糟糕的学术上的合作。

最后，是关于对自己影响力的觉察。

提到影响力，有人会说："我就是没有影响力才会低自尊啊！"其实不然，每个人都会对自己所处的环境和环境中的人产生影响。自己影响力弱，不断处于妥协状态，而他人影响力得到了增强，这也是影响力的一种。所以，只要存在就有影响力，只是，我们需要觉察自己的影响力是强是弱，是敢于表达、彰显自己意愿的，还是压抑、接受，让他人不断入侵自己的边界？如果是后者，这就体现出自己无法拒绝别人的行为模式。不敢或者不能表达自己的意愿，又不能守住自己的底线，才会不断地退让，让自己感觉不到自己影响力的存在。

所以，我们需要思考一下，自己的底线到底是什么？换句话说，有哪些情况是自己无论如何都不能接受的？

怎样提升自我觉察能力？

我有三个建议供大家参考。

我把自我觉察能力分为两大类：来自内部的觉察方法、来自外部环境的觉察方法。

首先，在提升内部觉察能力的方面，我建议使用这两个方法。

第一，正念。

正念，英文的说法叫作mindfulness，它是不同于宗教中的内观、禅修等理念的一种认知方式，虽然它们都有将注意力放到自己身上这个特点。简单说，心理学上讨论的正念，就是让我们问自己“是什么”这个问题，而不是“为什么”，并且在问的过程中，不苛责、不评判，只是好奇地想知道自己究竟在经历什么，体验什么？

比如，练习观察自己和领导说话时，自己的感受“是什么”，自己头脑里的想法“是什么”。经历一段时间这样的觉察，会慢慢地从你收集的所有信息当中，逐渐发现自己思维以及行为模式的特点，甚至是自己的价值观。

比如，通过练习正念，你可能会发现自己有一个根深蒂固的信念——面对权威只会服从，从不质疑。

这个时候可以思考，这样的价值观给自己带来的好处和坏处分别是什么？可以用思维导图找出这个信念的来源、成因，与自己的内心真实地对话，重新审视“权威的做法一般都是对的”这样的“事实”如何影响着我们的生活？如果这些影响是非常负面的，那我们要不要做出新的选择、新的改变？比如，有条件地执行这个价值观，并不是所有的权威都需要服从，试着只服从与我们真实的价值观相符的那些权威。

第二，练习多听少说。

减少说的频率，增加认真听的频率，尤其是认真倾听自己的声音。

这并非要求仅仅是听到自己说自己不好这样的负面声音，还要听自己内心感受的过程：这个不好的感觉是从什么时候开始的？发生了什么事？自己在心里说的话是什么？后来为什么感觉不好了？如何确认自己“听到了”？试着用总结性的语言把刚才“听到”的内容描述出来，像讲故事那样讲出来。

我有一个咨询者，经常说一些抱怨他人的语言，例如，“我父亲是个暴君”。这句话正好可以拿来分析他内心对父亲的感受和态度。

说这句话的目的是什么？

先不要继续说话，听听自己心里在表达什么，是希望父亲做出改变，还是希望有人帮自己，又或者还有其他目的？

如果是第一个，就找一个恰当的机会和父亲好好沟通，尝试改善关系。

如果是第二个，就思考如何才能找到可以帮助自己的人或者资源。

其实，正因为爱抱怨，人际关系的发展才受阻。

这个方法不仅适用于提升自我内部觉察，也适用于提高我们对外部环境的觉察能力。

最后，针对提升外部自我觉察能力方面，我的建议是提升甄别反馈信息来源的能力，即，找到“对”的反馈者。

谁是“对”的反馈者？

首先，警惕那些总是给出“极端”观点的人。比如，一味溺爱自己的长辈、一味严厉的教官，他们的话虽然有一定的可取之处，但是，在我们对自己的认识还不够稳定时，他们极端的话语会严重影响我们对自己的判断。

尽量多地采纳那些发表“客观”意见的人给出的观点，以此提升外部自我觉察能力。他说出哪些方面很好，哪些方面不够好，并说出这些客观存在的原因。比如，“我发现你的数学成绩一直不太好，你爱读文学类的书籍，所以，我判断你的兴趣是在文学、艺术上”。这样的反馈，会帮助我们加深对自我的了解，提升自我热情、自我抱负方面的觉察力。

自我觉察能力是对自我成长状态的觉察力，我们每一天都在发生变化，都在成长，必须重视这些变化和成长。

我的很多学员和读者通过独立思考和观察，对自己形成了新的自我认知，生活也开始发生变化。我想和大家分享他们的感慨，也希望可以激励到更多的人：

曾经很爱跟别人比较，让我痛苦，世界上这么多人，我永远也比不完。但是，如果跟自己比，看到自己一点一点地进步，会越来越相信自己有能力把事情做好。

——学员娜娜

我和陌生人相处时总感觉不自然，但我正在锻炼自己这方面的能力，内向的我，面对陌生人时显得笨拙一点无所谓，慢慢来。接受自己的不完美，下次会更好。

——学员小智

以前很爱抱怨，总是揪着过去的事情不放。客观细致地观察自己，我发现自己在面对生活压力时有很强烈的无助感，并不是家里人、朋友有多对不起我。我在慢慢改善自己的沟通方式，用对方能接受的方式寻求帮助，而不是说抱怨的话语。

——学员霞

Part Two

第二部分

深度改变：
如何走出低自尊

你并没有那么差

▷ 面对“预期偏见”

为什么改变的第一步要从“预期偏见”入手呢？

低自尊的思维方式是“核心负面认知”导致的，它利用“命令”和“假设”这两个强大的武器，让我们不断重复一些“实际无用行为”来保护自己脆弱的自尊心，从而让引发核心负面认知处于“休眠状态”。可是生活中往往会出现“危险场景”，它们依然会与“命令”和“假设”的思维方式结合起来，并且受到潜伏在海平面下的“核心负面自我认知”的遥控指挥，再以伪装得更好，更容易被我们大家接受的“预期偏见”和“负面自我评估”的形式表现出来，来指挥我们日常的每一个决定和每一个行动。

那么，直接处理我们的“核心负面认知”，是不是更有效？

要知道，改变一个被层层包裹的核心想法，可不是一件容易的事情。想法会影响我们的态度，态度会影响我们的动机，动机会指导我们的行为，重复性的行为会形成习惯，固执的习惯逐渐深入我们的价值体系当中去，从而最终影响我们的命运。把一个和自己紧密结合的核心思想从自己生命中连根拔起，非常困难。

“知道那么多道理，还是过不好自己的日子。”对自己的财务状况束手无策的来访者，对我说，“我知道不能再由着自己的兴致消费，买一大堆没用的东西，可是，我就是停不了手，管不住自己！”

作为他的心理咨询师，我探索他的消费的动机，关注到他说过“买东西的瞬间很有掌控感，觉得我也可以拥有点儿什么”“买的东西越贵，对自己的认可度也越高”“我能负担得起贵重的东西，代表我是有价值的”“高消费行为不能停，因为一停下来我就会觉得自己很普通”。

总结下来，我发现他的核心负面认知是“我没有价值”，和它相对应的“命令”与“假设”是“所以我需要不断地获取我认为有价值的东西，来填充自己的价值感”。哪怕这个价值感只是暂时的。

可见，只有先把深深影响着行为的幕后主导思维找出来，才能开始去除非理性且根深蒂固的核心负面认知。

既然这个“核心负面认知”是受到了通过自己和环境当中的人们互动而产生的想法的影响才建立起来的，那我们就可以从“想法”这个部分入手——因为它每时每刻都在发生，所以我们需要针对觉察和调整当下的“想法”来进行练习，重塑人生。把话语权掌控在自己的手里，不再假手于人，盲目受他人的影响。通过自我觉察，自我了解，我们会更加清楚什么样的人能给出真正有价值、有营养的意见，帮助我们成长、进步，成为更好的自己。

而“预期偏见”，是存在于表层的众多思维方式当中的一个思维种类。它和“负面自我评估”是两个反应迅速的思维小兵。比如，在“危险场景”发生时，“预期偏见”会立即产生出类似“这件事情不会有好结果”的想法；而“负面自我评估”立刻冒出“我不行，我的能力处理不了这件事”这一类的想法。

让我们进一步看看“预期偏见”到底是如何工作的？

当“危险场景”发生时，它是和我们既定的“命令”与“假设”思维方式相结合的，但是，为什么这个结合不会立即让我们执行这些“命令”和“假设”呢？这其中又有怎样的思考过程呢？

从心理学角度来说，我们做任何事，首先会刺激大脑前额皮质的控制以及决策执行的功能区域，让我们经过快速思考做出决断。就是说，当我们接收到外界的信息后，会本能地用大脑评估一下情况。如果一个人被非常严重的低自尊思维影响着，思考过程就会被“命令”“假设”，甚至“核心负面认知”绑架，无暇对情况进行客观“评估”。

“预期偏见”和“负面自我评估”都不是客观评估结果。当“命令”和“假设”受到召唤，但作为级别高一些的小领导，它们不会立刻出马，因为它们感受到了威胁，而这个威胁信息，就是由“预期偏见”传递给它们的。

举例说明一下。

Cindy的内心对交男朋友这件事有很强的恐惧感，这是因为在她的原生家庭中，爸爸和妈妈从未友善地对待过彼此，爸爸还经常家暴妈妈。Cindy对男性有一种想接近但又恐惧的心理，害怕遇到的男朋友像父亲一样对待至亲至爱的人。通过梳理，Cindy发现她内心最深处的核心负面认知是“我不值得被爱”，因为她只有这样想，才能解释得了，为什么父亲对她如此冷漠。这样的解释出自于她渴望与父亲亲近，不愿责怪父亲。

“我不值得被爱”这一核心负面认知成为横亘在她寻找亲密关系道路上的巨大障碍。她下意识地认为“我不能和男生走得太近了，他们不可靠”。这也是她的“命令”。

“男孩子如果了解了真实的我，一定会不喜欢我的”，这个是“假设”。

在这些思维的指导下，她总和男生保持距离。比如，不和男同事过多聊天，不参加有男同事的聚会，等等。这些实际无用行为，让她自己的核心负面认知得不到被改变的机会。她也没有机会验证到底有没有男孩子喜欢她。

曾经，Cindy遇到一个年纪相当的男孩子，对她很友善。可是，她总不自觉地想，“他这么开朗，我和他聊天，一定会把天聊死”。可实际上，男孩有很多口才不佳的朋友。

这个想法，就是“负面”后果的预设，是“预期偏见”的一种。它不像Cindy的核心负面认知、命令、假设，那么绝对或者令人感受沉重。可是，它们都表达了“我很糟，我会把事情搞砸”，或者“别人很糟，不可以相信他们”这一类对自己和他人的负面看法。

事情没开始，就忙着做出负面判决，怎么会有勇气尝试呢？

总结一下，“预期偏见”的特点有以下几点：

- 过度预估可能会发生的坏结果。
- 夸大结果的危害程度。
- 把自己面对、处理这些结果的能力无限缩小。
- 即使有一些积极的迹象，有预期偏见的人也会选择性地忽视它们。

▷ 挑战“预期偏见”——开始写日记的习惯吧!

我们该如何对付“预期偏见”呢?

坦率地表达出自己内心的想法。面对“预期偏见”，我们需要这种直来直去的勇气。

认知心理学有一个叫“论证”（to dispute）的方法，可以用来直面自己的“预期偏见”。

论证的过程，首先需要我们认识到自己的“预期偏见”是一个“观点”，而不是“事实”。所以，我们要开动脑筋，积极思考，有什么可以能证明影响着我们的那个观点是客观的？有什么证据能表明我们看到的、理解到的，有可能是不全面的？我们要像侦探一样，在找到线索之后，运用分析能力和所有可以动用的资源验证这个观点是否是客观真相。

论证的过程需要一个工具：记录预期偏差的思维日记。

简单介绍一下如何使用这个模版。

通过提问找出“预期偏见”。

例如，利用第一个和第二个问题发掘出想法“我就是不会聊天，和别人聊天一定会把天聊死”这样的“预期偏见”：

- 正在发生什么事情（尽量描述重点内容）？
- 我对这件事的预期（或猜测、想象、结论）是什么？

在回答以上问题后，可以接着问自己：

- 我有多么确信我的预期（或猜测、想象、结论）是会发生的？用100分来评分的话，确定感是多少分？
- 我的感受是什么？
- 给这个感觉评一个分，100分为满分。

之后，开始挑战自己的“预期偏见”。继续问自己以下问题：

- 举出证据来证明预期判断是一定会发生的。
- 有没有发现任何可以反证的例子或者现象？
- 再评分：现在想想对同样的事件，一开始的预期有多大可能会发生？用100分评分标准来评估它。
- 最坏的情况会是什么？
- 最好的情况呢？
- 最有可能发生的情况会是什么？
- 反思一下，当确信最坏的情况一定会发生时，我的感受是什么？
- 再想想，如果最坏的情况发生了，我们可以做哪些事情应对它？
- 想想看，自己还有哪些可以利用的资源、优势，刚刚被自己忽略了？

通过练习我们可以建立起一个“更加符合客观实际情况的预期”。所以，请问自己：

• 思考下来，一个比较符合“客观实际情况”的预期是什么？

现在，请进行最后一步：

• 重新评判一开始的预期想法，对它有多确信？用百分比标注出来。

• 重新观察目前的情绪变化，与一开始的情绪对比，有什么不同？用百分比标注出来。

通过这样的练习，可以对自己内心的变化，进行细致的观察。

练习：预期偏见思维记录日记

找到“预期偏见”

“危险情景”描述	我的情绪是什么？强度是多少？评分（0-100分）
我的预期（或猜测、想象、结论）是什么？	我有多相信它会发生（百分比）？

挑战我的“预期偏见”

<table>
<tr><td>有什么证据可以证明我的
预期判断？</td><td>有相反的例证吗？</td></tr>
<tr><td colspan="2">有多大可能性这个预期会真的发生（百分比）？</td></tr>
<tr><td>最坏的结果是什么？</td><td>最好的结果呢？</td></tr>
<tr><td>最有可能发生的结果是什么？</td><td>如果我认为最坏的结果会发生，
它会如何影响我？</td></tr>
<tr><td colspan="2">如果最糟的情况发生了，我可以做哪些事来应对？</td></tr>
<tr><td colspan="2">还能站在其他角度看待目前这个情况吗？</td></tr>
<tr><td colspan="2">我的好多资源、长处或者优势，是不是被我忽略了？</td></tr>
</table>

建立更加“符合客观实际情况的预期”

<table>
<tr><td colspan="2">什么才是最可能、客观的预期后果?</td></tr>
<tr><td>反思：我现在有多相信我一开始的预期（百分比）?</td><td>我现在的情绪感受是什么？强度是多少（0-100分）?</td></tr>
</table>

总结：当读到这里的时候，我们已经了解到更多的认识自己、探索自己的认知方法，形成了更完整客观的思考系统。在这段路程中，你发现了关于自己的哪些真相和事实，又发现了哪些一直以来自己信以为真的想法和信念其实都只是自己或者他人的“观点”？

人生的路途上，我们需要不断进行这样的复盘和思索，帮助自己保持清醒，对环境和自身保有清晰的判断力。当我们深刻地意识到并且理解到“事实”与“观点”的区别之后，一定会获得足够的力量，帮助自己从那些“负面观点”当中解放出来，开始相信自己可以创造并建立更加适合自己成长的“观点”，用这些好的“观点”滋养、丰富自己的人生。凭借自己的智慧打造属于自己的“事实”。

我在这里给大家提供了一套建立在认知心理学知识体系上的认知改造工具；但是，真正的改变始终需要大家在今后的日子里实践自己理解到的理念，勇敢尝试，找到适合自己的方式和方法。

“预期偏见”，是深受“核心负面认知”“命令”以及“假设”的影响而产生的快速思维习惯，它非常善于伪装，让我们误以为自己是小心谨慎，是成熟稳重，它让我们一味地从“负面”角度看待自己，保护脆弱的自尊，规避风险，限制了自身发展。

如何摆脱错误预期

摆脱低自尊，建立一个新的思维习惯，需要我们做好心理准备，经常练习，逐渐把这种思维养成自己的“自动思维”模式，用它替代之前的“预期偏见”。

接下来，我会着重讲以下两个内容：

第一，开始用“实验”的方法帮助自己彻底改造“预期偏见”，以及由它催生出来的“实际无用行为”带来的各种不良后果。

第二，用“处理预期偏见的实验表格”协助我们在生活中进行实际操作。

▷ 挑战预期偏见

举例说明，同事们邀请Cindy参加聚会，她心仪的男生也会参加。Cindy如何摆脱“预期偏见”呢？

第一步：确认预期偏见。

面临“危险场景”时，可以通过加强自我觉察，看看自己对当下情况的判断是什么？有多确信它一定会发生。

Cindy的预期偏见是“糟了，我一定会非常紧张，说错话，让大家笑话我。他也会笑话我的”。

Cindy有多相信她的想法呢？她标注了85分。

Cindy有什么证据证明这个情况会发生呢？

她一系列的自我评价会成为她认为的证据“我不擅长社交。我害怕男生，尤其对有好感的男生，我怕表现不好”。

请注意，这些“证据”是由Cindy长期以来形成的负面自我评价、过去发生的不良经历构成的，它们之间互相影响，已经形成了一个负面的闭环思维和行为模式，而Cindy把它们默认为是不可改变的事实。

第二步：找出“实际无用行为”是什么。

“实际无用行为”就是那些帮助我们逃避面对自己内心的不安、焦虑，让自己不必直面或者验证自己最害怕、最担心的，对自己或者对他人的负面认知的行为。

在这个例子里，Cindy的实际无用行为是婉言谢绝邀约，或者答应了却装病逃避聚会。

第三步：分辨出哪些是更加客观的预期。

Cindy可以借助之前提供的预期偏见思维日记来梳理思

路，寻找更加客观的预期判断，并在未来通过实际观察，验证这个客观判断是否准确。

Cindy发现更加符合客观情况的预期是，自己因为紧张、害羞，很难跟不相熟的人交流，即便自己对那个男孩心生好感。但是，自己的性格不属于咄咄逼人的那种，所以最可能发生的情况是，同事们见她性格内向，便不太为难她，不强迫她交流。

第四步：尝试一些“实际有用行为”。

尝试换一种自己可以接受的新方式处理问题，并实验新的行为是否会给自己带来更好的结果。在实验中自己设计内容，在承受得住的范围内略微突破一点“舒适区”。

Cindy的新方式就是，不躲避和对方目光相遇，向对方微笑。和一个平时比较要好的同事主动打招呼，请她在这个场合给予自己支持，例如，结伴参加，遇到不熟的人过来说话时，向这位同事求助。

第五步：进行实验。

实验进行时，重点观察自己确定下来的新的行为是否对自己有帮助。

第六步：复盘整个过程。

将实验经历与之前的经历进行比较，回顾预期偏见的内容，比较一下实验的结果，看看两者有哪些差别。有多少预期偏见得到了实际证据支持？有多少没有证据证明？从这个经历中，学习到了什么？

例如，Cindy可以用以下的提问帮助自己复盘整个过程：

- 实际上发生了什么？

参加了聚会，感觉没有那么可怕。不熟的人并没有对我不友好。大家都在交谈，并没有人总是把注意力放在我身上。

- 回顾预期偏见，真的发生了吗？请用百分比来标注。

Cindy标注了10%。

- 哪一部分的预期偏见的确发生了？

Cindy的分析：有一两个男士和我打招呼，我确实很紧张，没有和他们多说话，只是点点头，不过，我的小伙伴替我向他们解释我比较腼腆、害羞。

- 又有多少客观的预期实际发生了呢？请用百分比标注。

Cindy标注客观预期发生了90%。

- 当尝试新的行为的时候，心里的感受是什么？

Cindy的感受：心里虽忐忑不安，但我还是做到尽力不躲避大家的目光，报以微笑。不安的感觉渐渐消散。

- 通过这件事，学习到了什么？

Cindy的回答：体验对我来说是一个突破，尝试走出自己的“壳子”。不过，我还不能一下子接触太多的新人，还是有压力，一步步慢慢来。

这样的实验无外乎有两个结果：“预期偏见”不正确，或者，“预期偏见”得到了验证。

尝试新的行为的过程中，会发现预期偏见往往都是站不住脚的。这是因为我们用了新的方式面对问题，新的变量在大多数情况下会带来新的反馈行为。这会给我们提供一个新的尝试角度，帮助我们逐渐达成目标——改变习以为常的行为模式，从实际无用行为转化为做对自己成长有实际用处的行为。

不过，实验的结果有时候确实与预期偏见相符合。这种情况下，首先，我们需要稳定住自己的情绪，因为刚刚受到打击和刺激，痛苦焦虑等负面情绪会强化核心负面认知。安抚好情绪后，再去探索那些控制着我们的想法，针对这个想法做心理建设和调节。

例如，Cindy确实发现自己在聚会的场合慌乱不堪，前言不搭后语，又觉得有些人对自己报以异样的眼神和态度。这时，她可以觉察一下，是否是因为自己的核心负面认知

“我不值得大家喜欢我，爱我”在影响自己，才导致自己在大家面前手足无措？

如果是，那么她可以告诉自己，“我看起来有些紧张，不安，不够放松，是因为我正在挣脱于负面想法，而尝试新的方式，总需要一个过程。我能够迈出这一步，已经很勇敢了”。

这样及时地肯定自己的积极行为，有助于稳定情绪。

针对异样的目光，Cindy这样调节自己的心理活动：

有多少人刚才对我不友好？

这样的人占据多大比例？

如果只是少数，那么，我需要引导自己多关注那些对我态度友好、积极的人。有人对我不友善，那我离他远点，不在他身上浪费宝贵的时间和感情。

生活是由一个个的想法、观点以及这些想法和观点影响下的行为联系起来的。但我们很少习惯观察自己行为的动机是什么，质疑自己的预期判断是否客观。我希望大家多做这样的观察和质疑，从而做出更符合自身客观发展的选择和决定。

▷ 用实验表处理预期偏见

处理预期偏见实验表

第一步：找到你的“预期偏见”

“危险情景”描述
你的预期（或猜测、想象、结论）是什么？
你有多相信它会发生（百分比）？
哪些证据能证明它一定会发生？

第二步：找到你的“实际无用行为”

第三步：找到你的“客观预期判断”

第四步：找到你希望尝试的新的“有用行为”

第五步：做实践——一定要实施！

第六步：复盘整个过程

实际发生了什么？
预期偏见发生了吗？发生了多少？（百分比）
哪些预期真的发生了？是客观预期吗？
当你尝试新行为时，心里的感受是什么？
通过这段经历我学到了什么？

我特别强调一下第六步中的“尝试新行为的时候，心里的感受是什么”，如果最担心的“预期偏见”成为现实，那么在这一步，重点觉察一下，自己是否在这个过程中尝试了“新的、突破自己舒适区的行为”？或者，自己在下意识里还是重复了过去的行为和思维模式？

如果是后者，那就想想是哪些因素干扰了新行为？把这些发现记录到最后的“我从中学习到了什么”这一栏里。

如何摆脱对自己的负面评价？

▷ 从误会到确定——负面自我评价的形成

当你对自己用挑剔、否定的语气说话时，观察过自己的感受吗？那些感受引发的后续行为有哪些？

“负面自我评估”是一种在特定环境条件下自动产生的思维。当处于“危险场景”时，“核心负面认知”影响下的“命令”和“假设”还没有被完全启动，但是它们感受到了危险场景的威胁，在潜意识里蠢蠢欲动，这时我们的大脑判断分析区域迅速产生出对自身能力、状态等方面的负面评估思维。

举个例子，一个人的核心负面认知是“我没有能力”。当参加团队工作会议时，这个核心负面认知就会促进危险场景“我的能力要被评判”的产生。同时，这个人可能早就存在着自己给自己在这种场合里下达的命令“我不要轻易发言，除非我说的话能让所有人赞同”。而恰恰此时自己的核心想法“我没有能力”又会不断挑战自己、怀疑自己有能力可以畅所欲言，表达出得到大家认同的观点。这样的心理活动会在这个人的潜意识和前意识层面不断出现，而影响自己的状态。

如果这时，有一个同事把问题抛给你，让你不得不回应，那么自己一开始的“命令”就面临着被打破的风险——觉得自己说出来也得不到认可却不得不说，这就会催生“负面自我评估”——“糟了，我说的话一定没水平”。在这种心态影响下，怎么可能好好发言，说出有参考价值的话。而以这样的心态说话，就会让核心负面认知“证据确凿”。

“负面自我评估”和“预期偏见”具体区别是什么呢？

前者更多指向自己的能力、性格、拥有的资源等方面的评价；而后者则更多地指向对事情结果和影响的评价，当然，结果和影响当中也包含我们对自己的预期。

“负面自我评估”都具备哪些特点？会产生哪些相应的后果？

“负面自我评估”更像是非常合理化的“命令”。例如，对自己说：“我刚才说话应该更有底气，我实在不应该唯唯诺诺的，我到底是怎么回事？”看起来是在懊恼、反省，实际上却充满了对自己的不满，不接纳。

“负面自我评估”，更像给自己贴标签。例如“我就是一个可怜虫，没人愿意理一个可怜虫”“我怎么那么没用，这么一点小事都完成不了”“我就像是个土包子一样，一点品位都没有”,等等。这些标签包含着对自我的各个方面的负面评价。

“负面自我评估”是对自己一言以蔽之。例如“我从来就没有在这件事情上成功过”“我永远也成不了气候”“我总是这样，弱爆了”，等等。因为一次或者几次的不顺利就给自己定性，没有勇气继续尝试。不去尝试，就更难证明自己的负面自我判断是不客观的。

而我们往往采取各种毫无道理的“实际无用行为”去应对“负面自我评估”带来的不适感。

比如，拒绝与人交流，变成孤岛，这样，就不用去处理与外界交流时感受到的压力，可同时，这样会让人生失去了许多可能性，失去潜在的向他人学习和建立友谊和爱情的机会。

或者，一个人也可能会用把自己吹嘘得很能干的方式来应对“负面自我评估”给自己带来的不适。

在心理学上，把这样的行为叫作“过度补偿”（overcompensate）。

它主要指，一个人采取过度的措施来纠正或弥补自己认为的自身错误或弱点。当然，过度补偿的思维和行为不仅仅表现为过度夸大，也可以是压抑自己真实的感受，做出与自己真实感受截然相反的行为，就好像戴上面具去应付外界环境。

举例来说，对一个同事没有好感，但是，当这位同事在非工作时间找到自己时，我们会表现得非常配合，生怕怠慢了他，给他留下不好的印象。这种过度补偿，目的比较复杂：有时候是出于自我保护动机，不想让对方揣测出自己的真实想法；有时候是出于否定自我感受，即明明不喜欢这位同事，但又觉得与人为善才是正确的，感受和信奉之事相左时，便做出这样的过度补偿；有时候是为了维护自己好人缘的人设，不得不跟不喜欢的人笑脸相迎。总而言之，这种过度补偿行为无益于我们与真实的自我相连，长此以往，会造成压力过大而产生心理扭曲。

习惯性地讨好他人，不设底线，不会拒绝。

这是习惯性否定自身能力的人很容易做出的一种实际无用行为，对什么都好好好、行行行。这样的人通常都是大家眼里的老好人，特别好说话，有求必应。实际上，他们只是通过这些行为逃避因拒绝他人而产生的焦虑和压力感；同时也是在逃避审视自身需求，逃避主动和努力，因为自主选择意味着必须靠自己的能力积极地解决问题，为这个选择负责任，而否定自我的人不太相信自己具备这样的能力。

“实际无用行为”的行为有很多，因人而异。总而言之，我们把这些行为定义成实际无用行为是因为它们最终并不会让我们的生活变得更开心、更幸福；相反，它们会让我们不断地被负面情绪所困扰，找不到出口，从而逐渐对生活失去希望。

许多人认为“负面自我评估”是正常的，觉得这是对自己严格要求的一种体现，可以让自己不断进步。尤其在“虚心使人进步，骄傲使人落后”这样的文化氛围的影响下，很容易将“负面自我评估”等同于“虚心”。所以在处理“负面自我评估”这个心理障碍时，我们会遇到更多困难。

我们先看看，“负面自我评估”与“虚心”，以及“骄傲”之间存在怎样的关系。

奥地利心理学家Alfred Adler在其提出的人格理论之一——复合自卑情结（the inferiority complex）中这样描述，每一个孩子都会经历自卑感，这是因为我们在孩童时代就会意识到，在自己的生存环境中存在着比自己更强壮或者更有能力的其他人（Adler, 1964）。这种复合自卑情结往往与一个人的“负面自我评估”相关。在孩子成长的过程中，这种自己比不过别人的感觉，可以作为一种内在的动力促进孩子不断学习、成长，此时的“负面自我评估”可能是客观的；但同时，因为这种负面自我评估，孩子会寻找环境中的积极反馈，证实自己的努力是有作用的，方向是正确的，是可以缩小自己与他人的能力差距的。Adler把这个过程叫补偿（compensate）。

这个理论听起来似乎是在说，我们的内心本就抱有超越自我、超越他人的内动力。但，Adler描述的可能是大多数人的心理共性，总有例外的存在。有些人很少有与他人比较的心理，所以不一定会受到复合自卑情结的影响。不过，Alder的观点确实可以启发我们体会到积极反馈对于一个人自卑感的调试作用。试想，如果孩子A意识到了小朋友B比自己跑得快，想跑过B，可是，环境中有人不断告诉他“你这么弱，追不上B”，或者“你跑步的样子怎么那么丑”这样的话，就会导致A出现“负面自我评估”，引发补偿机制的运行。这样的反馈也可能引发过度运转。比如，孩子会变得极端敏感，在各个方面和别人比较，形成乖僻的性格，不愿接受批评或者失败。不当的反馈还有可能引发无力运转，孩子意识到无论自己怎么努力都没有用，从而自我放弃。

过度运转和无力运转，这两种极端性的反应都不利于我们的成长。

“谦虚”和“骄傲”可以被看作是来自外界的反馈，它们都可以用来形容我们自己的一种心理状态，或者我们的行为表现带给他人的一种心理感受（Gou, 2008）。“负面自我评估”受到“谦虚”的加持，觉得自己心态谦虚是符合社会主流价值体系的，就不去考虑它的客观性，不去考虑是否适合自己的当下需求。

举例来说，明天要给客户做产品展示，心理压力很大，心里总说“完了完了，我的能力根本控制不了场面”，饱受负面自我评估的干扰，可是，另一方面又自我暗示“我向来就是一个低调、谦虚的人，不爱出风头”，两者相加，就令自己更加分辨不清楚自己到底有多大的能力和把握可以做好产品展示，更别提分析自己可以从哪里入手去提高能力了。

而“骄傲”作为“谦虚”的反面，被我们认为是不好的。我们有任何肯定自己的想法，都会被压抑下来，导致我们离客观且准确的反馈通道越来越远。小孩A努力跑过小孩B，A在练习超越的过程需要客观的引导，例如，大人的支持和赞许，“宝宝想跑得快一些，虽然现在还跑不过小哥哥，但努力很重要，多加练习，一定能提速！”“看到你认真练习，我很为你骄傲！在刚刚跑步的时候，我观察到你换气频率很快，其实，学会正确的呼吸方法，有利于发挥，要不，我们先练习呼吸的方法！”等等。这些反馈，都是针对孩子当下的目标提出的实际建议，让孩子知道什么是正确有效的，孩子也会做出修正行为，更快接近目标。

当我们需要集中精力客观地判断自己目前的能力能否胜任当下的工作时，我们要尽量避免被“谦虚”或者“骄傲”这样的外界评价干扰，而是把注意力放在缩小与目标的距离上，或者，客观分析目标的可达成性后，再决定是否放弃。而当反思自己该以什么样的态度面对生活中的挑战、成功，以及失败时，当然可以讨论自己是否保持了“谦虚”的心态，让自己在永无止境的探索精神中不断进步；或者克服了“骄傲自满”的情绪，让自己保持清醒，不因当下的成功裹足不前、停止成长。即，保持谦虚和克服骄傲并不等于自我否定。

练习

平日里都对自己说了哪些“负面评估”的话语？写下来。

____

____

____

____

这些话给自己的学习、工作、生活、人际关系等方面都带来了什么样的后果？

说出这些话的时候，自己内心感受有哪些？

____

____

____

____

____

____

▷ 负面自我评估心理日记

当我们仅仅依靠自己的大脑思考困难问题时，因为头脑中的念头太多，太复杂，容易造成信息互相干扰，无法让自己集中精力、清晰地思考。这种情况下，我们很容易不加分析地接受一些自己的或者他人的观点，把它们当作客观事实，做出不准确的判断。“负面自我评估心理日记”这一工具可以帮助我们利用缜密的思考找出支持或者反对的依据，培养“论证”的习惯。

练习：负面自我评估心理日记

（一）找到你的“负面自我评估”

“危险情景”描述	你的情绪是什么？强度是多少？评分（0-100分）。
你对自己说了些什么？你是如何看待自己的？有批评、指责自己吗？内容是什么？	你有多相信这些评价是真的（百分比）？
你的“实际无用行为”有哪些？	

（二）挑战你的“负面自我评估”

有什么证据可以证明你的看法？	有相反的例证吗？
这些是事实吗，还是观点？	
当你这样想/看待自己时，对当前的情况有什么实际帮助吗？	
还有其他角度可以看待这个情况吗？	
如果有一位朋友面临同样的问题，你会给他什么建议？	
真正有用的行为有哪些？你自己能够执行它们吗？	
你是否忽略了自己的长处或者优势？	

（三）建立更加“符合客观实际情况的自我评估”

<table>
<tr><td colspan="2">什么才是更客观的自我评估？</td></tr>
<tr><td>反思：现在有多相信自己一开始的自我评估（百分比）？</td><td>现在的情绪感受是什么？强度是多少（0-100分）？</td></tr>
</table>

这个记录中，首先从确认自己的负面自我评估开始，进行一个情况描述，然后问自己：

我对自己说什么？

我是怎么看待/评估自己的？

我正在批评或者指责自己吗？

我有多确信自己的想法（可以用百分比来标注）？

我的感觉是什么？给我的感受打多少分？

我在做一些实际无用行为吗？它们都是什么？

给出答案后，尝试挑战这些评估和看法。用“论证”的方法找证据。比如，可以问：

有哪些证据可以证明我的评估是正确的、客观的?

有什么事件能证明我的想法不全面?

我的想法是我的观点，还是客观事实?

我这样评估自己，对我目前的情况有什么帮助吗?

有没有别的想法、看法可以解释当前的情况?

如果我有一个朋友正在经历同样的事情，我会给他什么建议?

这个过程里，有没有什么积极的经验、经历被我忽略了?

如果我可以做一些对问题有实际帮助的行为，那会是什么?

我们的目的是帮助自己建立一个更加客观、接近事实的自我评估。我们可以试着把它描述出来:

一个更客观的自我评估是什么呢?

对比之前的和现在的自我评估的差异，试着对两者带给自己的感受打打分。哪个评分更高?

利用这个工具记录、分析我们针对自己的看法和观点，更认真地对待“我是如何看待自己的”这个问题，有助于我们改变过去习得的不良思维。

找到并接纳自己，不再自我否定

自我接纳需要建立在一个对自己客观、平衡的评价体系上，同时，需要给予自己足够的积极反馈，不断激发自身潜能，勇敢挑战那些不曾受我们摆控的事物。做到自我接纳，意味着我们每一次的选择和决断都是和自己的内心紧密相连的，不再承受背叛自己的痛苦。

当我们发现很难做到自我接纳的时候，可以思考一下自己是否还存在自动的预期偏见或者负面自我评估这样的思维方式？如果是，那么就利用之前提供给大家的工具，建立起对自己和环境更为客观的评价。

那么，到底什么是自我接纳呢？

在心理学研究上，这个概念存在许多版本的定义。大体上，心理学家们比较认同的观点是，自我接纳以及自尊是两个关联性很强的心理学概念。自尊（self-esteem），是我们对于自我存在价值感的评估，而自我接纳（self acceptance）呢，则是一种我们在充分了解并且理解所有关于自己的一切特色、优劣势之后，依然能够对自我的存在予以认可和肯定。

自尊水平是随着我们对于自我价值感的判断而变化的，当一个人能够做到自我接纳时，这些联系着自尊感的感受和想法（对自身是否满意、优缺点评估、特长以及局限等）则都会被自我接纳包括进来。就是说，即便一个人清楚地看到了自己全部的好与不好，依然能够给予自己无条件的接纳，而不会导致他自尊水平产生根本性或者剧烈的变化。

那么，这是不是说，一个自我接纳程度高的人相应地拥有比较高的自尊水平呢？根据心理学的实验研究，答案是肯定的（Seltzer, 1986）。

有的人可能会想，好与不好，全盘接收，不就是对自己没有要求了吗？这样下去会不思进取，无法进步的。

之所以这样想，是因为给予自己或者他人无条件的接纳和爱，在我们目前所处的社会环境中并不是一个很常见的体验。事实上，给予自己无条件的接纳并不意味着不改进缺点或者弱势，而是指我们可以给自己创造一个更有益于提升自我的环境。

自我接纳其实是积极友善地对待自己，为自己创造出有益成长的氛围，与当下做的具体的事物没有直接的关联性。

打个比方，如果你想学习游泳，正好有两个游泳教练，一个抱着严厉、批判的态度，学员一个动作不对就大声批评；而另一个则是包容、鼓励的态度，一直鼓励学员“对啦，手可以再抬高一点儿，好好，可以伸得远一些，太棒了，就是这样……”让学员少承受压力。两种态度，学员最终都能够学会游泳，但是心情是截然不同的。如果是你，更喜欢做哪一个教练的学生呢？选择包容、鼓励多于批评的教练，就选择了在接纳的态度里学习和成长。反之，则是在苛责和不接纳中学习和成长。

持着接纳自我的态度，当遇到困难时，我们能够更加灵活地做出反应，而不必首先下意识地纠结于自我责备和贬低中，把精力都消耗在自我厌恶上，停滞不前。

▷ 看懂自己的美好——换个角度看自己

请写下自己的一些优势，再继续读下面的内容。

我的优势

____

____

____

当你写优势的过程中，是否犹豫许久不知道该写些什么？是否心里有不舒服的感觉，比如："这是干吗呀？自吹自擂吗？这样不好吧？"

如果是这样，说明你已经习惯了找自己的缺点、劣势，所以注意力很难在短时间内集中到自我反馈自己的优点上。不信就暂停片刻，写一写自己的缺点都有哪些。如果你觉得写自己的缺点比较顺利，那就说明我刚刚的推断是有道理的。

受社会文化环境的影响，有意忽视或者弱化自己优点的行为被我们大多数人误解为是一种美德，但实际上，它会让我们失去客观判断、认识自己的能力，从而对自身过度矮化，催发自卑心理。

练习的目的在于，提醒自己面对自身的优缺点要一视同仁，客观地去看待它们。只有这样，我们才可以拼凑出一个逐渐清晰的自我。在练习客观看待自己的过程中，一开始会让我们很不习惯，这很正常。我们需要打破固有的思维习惯，不断加强自我觉察，一旦发觉自己又无意识地忽略或矮化自己的优势就有意识地调整到客观评估自己的状态上来。

▷ 建立积极的自己

如何建立积极的自己？该从哪里入手？

首先，大家需要知道，收集有关于自身负面认知的信息已经经过长年累月的重复执行而形成习惯，这些负面信息被优先输入大脑，成为思维模式，影响到自己的行为模式，而模式产生的结果往往具有高度相似性。就是说，负面认知导致的行为结果往往会印证自己一开始的负面认知，以“恶性循环”的方式不断强化负面认知，让我们遭受“思维—行为—结果—印证思维”怪圈的折磨和打击，动弹不得。改变并突破这个负面循环模式，输入关于自己的积极信息，并非易事。

一般来说，开始一个困难的工作时，一个很好的方法就是把它写下来。因为，书写需要我们的大脑做出更多的努力去协调和呈现出自己的想法，并在潜移默化中强化这种更积极动脑思考的努力。

现在，请按照以下六个步骤来建立积极的自我：

第一，承诺在一个特定的时间做“建立积极自我”这项工作。

定下一个安静的、完全属于自己的时间，不要着急在工作间隙或者临时起意做这件事。提这样要求，是因为认真的态度会激发我们把注意力集中起来。

第二，用“自我优势记录表”记录自身优点。

把记录表放在便于查找的地方。尽可能地把所有可以想到的优点都写下来，不要设立限制。训练自己发掘自身潜能和优势，写得越多、越细致越好。

第三，可以借助你信任的人的力量。

我经常遇到来访者说，不知道自己到底是什么样子的，需要别人告诉自己。在某种程度上，这个说法是成立的：对于自我的认知，是无法单纯靠自己的力量完成的。我们要有选择地寻找提供客观意见、支持和滋养的人，帮助我们认识自己。

第四，警惕对自我优势的忽视或者弱化。

做好自我监测，如果能非常具体、详尽地描述自身缺点，那么对待自己的优势也应如此，自我评价应当是平衡状态。因为一点小“瑕疵”就否定自身整体优势，诸如此类的心态和行为，更是要格外警惕。比如，认为自己是一个很细心的人，对工作很负责，但是，忽然想到自己曾经有过几次很小的疏忽，就全盘否定自己是个做事细心的人。这是自我弱化行为的一种表现。

第五，养成定期翻阅“自我优势记录表”的习惯。

自我优势记录表的目的是让自己逐渐养成塑造积极自我的思维和行为的习惯。所以，写完之后一定要定期翻阅，尤其是在遇到困难或阻碍的时候。看看曾经写下的对自我的认可，从中汲取力量，勇敢应对一切挑战。觉察自己的心情、状态是如何影响我们看待自己的，这些都有助于我们及时调整心理。

第六，被人夸奖时，由衷地表达谢意。

不要用否定的语气说“哪里有，过奖了，我才没有那么好”这样的话。真诚地对对方说，“谢谢您的鼓励”，然后在心里告诉自己，“我做得很好，感谢自己的努力”。一步步建立一个内外统一的积极反馈系统。

自我优势记录表

首先，请找到自我优势，可以用以下问题来帮助自己思考：

我喜欢自己的哪些方面？

我有哪些优点？

我取得过哪些成绩（多么小都可以写的哦）？

我克服过哪些困难？

我有哪些才艺？

别人喜欢我什么方面？

哪些别人没有的优点，我有？

如果遇到一个像自己分身一般的另一个人，我会欣赏他哪些方面呢？

关心我的人会表述我的哪些优点？

我不喜欢的别人身上的特点都有哪些？我有没有这些特点？

现在，把自己想到的优势写出来，多么小都可以哦！

1.________________________________

2.________________________________

3.________________________________

4.________________________________

5.________________________________

6.________________________________

7.________________________________

8.________________________________

9.________________________________

……

▷ 重新叙述自己的故事

表格中有一些描述自己的形容词或者名词，现在我们要把这些单独的词汇联系起来，让它们更加具体。

积极自我日记的第一部分

利用自我优势记录表里的内容，回忆相应的场景强化自己的优势特点：

优势和特点	对应的例子

积极自我日记的第二部分

1. 每天晚上复盘3个这一天里自己发挥的积极的特点

2. 请写下日期，做了什么，以及发现自己有哪些优势

举例：我做了学习计划（自律）

举例：我去公园散步（自我照顾）

日期	做了什么	积极优势

首先，在日记的第一部分中，用之前记录优点的形容词和名词回忆一下，在哪些情况下自己展现了这个优点？比如，“有耐心”，帮表姐带了一天孩子。其实，这件事不仅展现了有耐心，还展现了自己乐于帮助家人的特质。让自己进行全面的场景回忆，可以帮助我们挖掘出那些被忽略的有关自身的积极特点。

日记的第二部分，是关注自己每天的动态，发掘每一天里自己展现出来的积极特性。比如，某月某日，周围没有人喜欢小众电影，我就请自己看。在积极的特点部分，就可以写下“做到了自我关怀和照顾”。

一开始做这些练习，不必要求自己完成得太多，能写三件事就很好，逐渐增加，直到可以不借助日记就能够感受到对自己满满的善意和支持。这样的练习需要花时间、毅力去坚持，需要做一些心理建设，制定可行性高的目标来让自己逐步进行，而不是下硬性规定。

和习惯性的不快乐说再见

▷ 简单三部曲

前奏曲是让我们首先调整好心态，让自己成为那个对自己最好、最体贴、最了解的人；中间曲目是思考从何处入手提升自己的执行力；结尾曲目是收集有用的信息为改变做好准备。

前奏曲：对自己更友善，更理解，更支持。

许多人在面临人生困境的时候会感慨：多希望有个人心疼自己。事实上，别人如何回应我们，控制权并不在我们手里。所以，依赖别人的体恤，很容易患得患失，好像只能靠别人给自己提供快乐。

与其向外索求，不如改变对待自己的态度，让自己成为能给自己带来快乐和照顾的朋友。

设想一下，当我们对自己的感受或者评价都趋向负面时，我们对待自己的态度或者行为有哪些相应的特点？非常积极地关注自己的感受，还是忽略自己，甚至躲在角落里自怨自艾，希望自己突然变成一个光芒四射、人见人爱的人？受到低自尊心理状态困扰的人，会出现后者描述的情况。这样的负面自我认知就是低自尊心理得以生存和发展的土壤。

而让我们再设想一下，如果一个人承诺照顾好自己，成为自己最好的朋友、最亲密的人，那么在这样的心态影响下，我们是不是更愿意和自己成为一个紧密结合的团队，积极帮助自己寻找各种解决问题的方式方法，而不会把精力消耗在严厉地自我责难上面，对不对？

不过当一个人受到低自尊心理的影响，会产生自己不配拥有或享受生活中美好的一切的心态，但内心又渴望着幸福和美好能够降临到自己的头上，这就造成了一个心理怪圈：渴望美好→不相信自己配得上这些美好→有美好的事情发生，却认为“这不是真实的”，或“这一定不会长久”，或“我怎么能配得上这一切”，等等→这些怀疑和负面预期会让自己敏感地寻找证据证明它们是对的，忽略掉正面积极的信号，一旦找到这样的负面线索或者证据，立刻回到熟悉的低自尊心理状态→产生莫名的心理稳定感，确认“我就是不配得到美好的东西”这样的想法→继续承受求而不得的煎熬→直到对生活完全失去信心和希望。

这个心理怪圈，感觉熟悉吗？

破掉这个怪圈的思考方法就是首先让自己真正开始拥有按照自己的意志做选择和掌控生活的能力：既然我们无法控制别人对待我的态度，至少要学会管理我们对自己的态度。从承诺“我要对自己更友善、更理解、更支持”开始破掉这个心理怪圈。

第二部分的演奏曲目就是：思考从哪里入手能最有效地运用自己的执行力？从何入手呢？

首先客观评估一下自己目前的生活是一个什么样的状态。在后面的内容里，我给大家提供一个叫“日常活动记录表”的工具来完成这个初步评估，看看自己当前的生活状态是什么样的。

第三部分的主题曲就是：收集有效信息为自己的改变做准备。

添加什么活动能让自己感受愉悦，或者减少痛苦不适？后面有活动建议列表供大家参考。

▷ 从简单计划开始，抛掉习惯性不快乐

在开始改变的过程中，因为心急反而给自己增加焦虑和

压力，达不到效果，失去信心和耐心，陷入自暴自弃的困境心态中。

不管我们给自己定下任何目标，一定要客观评估一下，这个目标是否切合当前的实际情况，自己能否在力所能及的范围里完成，并且坚持下去。

▷ 三个助力小工具

在这里向大家介绍三个小工具："一周活动记录表"；一些让自己开心的活动建议；设计有愉悦感和成就感的活动计划。

下面我们简单说明一下使用方法。

一周活动记录表

在"一周活动记录表"中，我们可以按照时间来组织记录自己每天的活动。在这里，我们可以用0到10分的评分标准对每一个活动带给自己的两种感受进行评分。

第一种感受是"愉悦感"，它是指在进行这个活动时，自己是否感觉到了快乐？第二种感受是"成就感"，它是指通过进行这个活动，自己是否感受到得到某种收获，让自己感觉有成就？

根据心理学的相关实验研究，愉悦感和成就感均和生活

日常活动计划 （白天）

日期:

Day Time	周一	周二	周三	周四	周五	周六	周日
6-7 am	A= ; P=	A= ; P=	A= ; P=	A= ; P=	A= ; P=	A= ; P=	A= ; P=
7-8 am	A= ; P=	A= ; P=	A= ; P=	A= ; P=	A= ; P=	A= ; P=	A= ; P=
8-9 am	A= ; P=	A= ; P=	A= ; P=	A= ; P=	A= ; P=	A= ; P=	A= ; P=
9-10 am	A= ; P=	A= ; P=	A= ; P=	A= ; P=	A= ; P=	A= ; P=	A= ; P=
10-11 am	A= ; P=	A= ; P=	A= ; P=	A= ; P=	A= ; P=	A= ; P=	A= ; P=
11-12 noon	A= ; P=	A= ; P=	A= ; P=	A= ; P=	A= ; P=	A= ; P=	A= ; P=
12-1 pm	A= ; P=	A= ; P=	A= ; P=	A= ; P=	A= ; P=	A= ; P=	A= ; P=
1-2 pm	A= ; P=	A= ; P=	A= ; P=	A= ; P=	A= ; P=	A= ; P=	A= ; P=
2-3 pm	A= ; P=	A= ; P=	A= ; P=	A= ; P=	A= ; P=	A= ; P=	A= ; P=
3-4 pm	A= ; P=	A= ; P=	A= ; P=	A= ; P=	A= ; P=	A= ; P=	A= ; P=
4-5 pm	A= ; P=	A= ; P=	A= ; P=	A= ; P=	A= ; P=	A= ; P=	A= ; P=
5-6 pm	A= ; P=	A= ; P=	A= ; P=	A= ; P=	A= ; P=	A= ; P=	A= ; P=

—周活动记录表—

日常活动计划（晚上）

日期:

Night Time	周一	周二	周三	周四	周五	周六	周日
6-7 pm	A= ; P=	A= ; P=	A= ; P=	A= ; P=	A= ; P=	A= ; P=	A= ; P=
7-8 pm	A= ; P=	A= ; P=	A= ; P=	A= ; P=	A= ; P=	A= ; P=	A= ; P=
8-9 pm	A= ; P=	A= ; P=	A= ; P=	A= ; P=	A= ; P=	A= ; P=	A= ; P=
9-10 pm	A= ; P=	A= ; P=	A= ; P=	A= ; P=	A= ; P=	A= ; P=	A= ; P=
10-11 pm	A= ; P=	A= ; P=	A= ; P=	A= ; P=	A= ; P=	A= ; P=	A= ; P=
11-12 midnight	A= ; P=	A= ; P=	A= ; P=	A= ; P=	A= ; P=	A= ; P=	A= ; P=
12-1 am	A= ; P=	A= ; P=	A= ; P=	A= ; P=	A= ; P=	A= ; P=	A= ; P=
1-2 am	A= ; P=	A= ; P=	A= ; P=	A= ; P=	A= ; P=	A= ; P=	A= ; P=
2-3 am	A= ; P=	A= ; P=	A= ; P=	A= ; P=	A= ; P=	A= ; P=	A= ; P=
3-4 am	A= ; P=	A= ; P=	A= ; P=	A= ; P=	A= ; P=	A= ; P=	A= ; P=
4-5 am	A= ; P=	A= ; P=	A= ; P=	A= ; P=	A= ; P=	A= ; P=	A= ; P=
5-6 am	A= ; P=	A= ; P=	A= ; P=	A= ; P=	A= ; P=	A= ; P=	A= ; P=

一周活动记录表二

注解：

A=是否有成就感，以百分比来表示。如：100%表示所做的活动让自己非常有成就感

P=是否有愉悦感，以百分比来表示。如：100%表示所做的活动让自己非常有愉悦感

的幸福感受指数成正比（Lyubomirsky, King, & Diener, 2005），所以这两种感受就被用来帮助我们评估自己当下生活状态中存在的积极感受是什么程度的。

快乐活动建议表单

以下是我们建议的一些有趣的活动，大家可以根据自身兴趣点，完善它。

1. 旅行（自己决定目的地、时长以及旅行方式等）

2. 阅读（自己决定阅读频率和内容等）

3. 欣赏话剧

4. 听音乐

5. 创作音乐

6. 画画

7. 学茶道

8. 观影

9. 参加技能工作坊（自己决定方向、费用等）

10. 健身

11. 参加登山队

12. 参加业余马拉松训练

13. 参加合唱团

14. 学习厨艺

15. 学习烘焙

16. 学习编织

17. 参加小说创作小组

18. 学习园艺

19. 学习室内设计

20. 参加艺术欣赏短期课程

21. 放风筝

22. 看恐怖片

23. 学习摄影

24. 参加辩论工作坊

25. 听演唱会

26. 参加哲学社、诗歌社团等

……

这个建议表是可以自行填充的。平时在与朋友、同事、家人交流时，留意一下有没有别人经历过，自己也想尝试的活动？可以持续丰富这个建议表。

愉悦感和成就感活动计划表

我们可以设计一系列自己有兴趣去做，并且可以带给自己愉悦感和成就感的活动，然后执行它们。在这个过程中，我们可以利用表格上的评分标准从0到7分来标注自己的感受。尤其要记录自己在进行这项活动前、后的相关感受。

0 无感	1 极少	2 一点点	3 轻微	4 中等	5 比较多	6 很多	7 非常多

日期	活动	活动前的感受	活动中有记忆点的事	活动后的感受
		愉悦感 成就感	① ② ③ ④ ⑤ ……	愉悦感 成就感
总结：从以上观察，了解到有关于自我的哪些信息？				

希望大家多多利用这些工具提升自我觉察力，更全面地了解自己，出最适合自身的抉择。

总结

1. 如何建立强大的自我，强大的内心？

2. 在被指责的时候，怎么面对自我攻击？

3. 关于“我没有价值”类型和“我不配获得幸福”类型的两种低自尊心态问题的应对方法讨论。

4. 亲密关系中，如何正确应对背叛和不认可？

5. 如何走出心理伤害的阴影？

以上五个问题是我在临床咨询过程中经常帮助来访者们面对处理的，并且和一个人自身的自尊水平关系密切的典型问题。在第二章的总结里，我们以这五个问题为例探讨帮助大家发掘自身处理问题的能力和拓展以解决问题为导向的思考角度。

想解决低自尊这个问题，必须提高自己分析问题、理解问题、应对问题和解决问题的能力。此外，我们还要通过循环往复、不断练习、试错、学习、再提升的模式，提高对生活的整体掌控力，摆脱低自尊心理的束缚。

这里补充一些心理学知识，帮助大家摆脱低自尊心理的困扰。

个人边界

在处理自己与他人的关系的时候，我们需要清晰地认识到自己与他人之间的边界在哪里。

例如，在处理自我攻击，解读“自己没有价值”型的低自尊和“我不配拥有”型的低自尊心理时，我们都需要明确人际交往的边界。

在自我认知客观、清晰的条件下，如果我们受到了他人的攻击，是能够很快就识别出这些攻击是否“越界”了。他人越界造成了我们的不舒适，我们要向越界者正确表达自己的立场，或者采取一切必要措施保护自己，而不是自我攻击。

当意识到自己陷入“我没有价值”或者“我不配拥有幸福”这样的低自尊思维时，可以利用思维导图等工具梳理思路和情绪，找到这些负面想法的源头，思考在自我边界范围内，要不要承认有关自己的负面观点。还是，我们要重新定义自己的价值感，赋予自己体会幸福的权利？

很多人问我“自己没有价值”型的低自尊和“我不配拥有”型的低自尊，这两种思维特质之间的区别是什么？

我的观点是，“我不配拥有”型的低自尊，是基于“我没有价值”型低自尊心理基础上，表现出来的特殊思维方式。其实质是认为自己不具备价值，感觉自己配不上已得到的一切美好。

如何正确面对亲密关系中的背叛？

这就需要我们厘清自己与背叛方的边界都在哪里，对方打破了哪些属于个人的以及属于两人共同关系契约的边界？

只有在明确了背叛所产生的后果是如何深刻地影响了我们的自我认知，我们才能够采取适当措施去补救，恢复心理创伤。

举一个比较常见的例子，恋爱中出轨者在被发现后，责怪被出轨者不够温柔、不够体谅人、不会沟通，等等，把出轨的责任推出去，让被出轨者心生愧疚。

这种愧疚感，并非是理性思考的结果。

被出轨者的内心拒绝面对“他本就对我不诚实”这一冷酷事实。出于这样的心理防御，极力为对方的行为找到合理的解释，逃避做选择——分手还是原谅。这样的合理解释，直接将矛头指向自己，即，只要我改正了自己的“错误”，他就不再出轨了，这样就不用去面对“他没有那么爱我”“我看错了人”“我们的爱情没有想象的那么好”这样的真相。

客观地看待事实，就会明白，如果出轨方真的想处理自己在关系中存在的问题和缺点，就一定会针对这些问题与被出轨者进行沟通和探讨，表达自己的底线，甚至说出自己的选择——继续还是分手。这样的做法才是尊重彼此边界的做法。

出轨方从其他人那里满足自己的情感需求或心理需求，本质上是侵犯了被出轨方在这段具备承诺的关系中的知情权，让被出轨方面对不对等的情感选择。所以说，一旦了解到，感情中的背叛是在破坏亲密关系中的边界，我们就可以将受到的伤害和两个人在关系中本身存在的问题区分开来，分别处理。打破边界的一方需要为自己的行为负责，而双方在感情中各自存在的其他问题也依然需要诚实面对、解决，比如，沟通不良导致感情淡漠可以通过学习更有效的沟通方法来解决。

那么，我们如何从心理创伤当中恢复呢？

可以从时间边界的角度看待创伤的产生，以及它们带来的影响。

在研究“创伤应激综合征”的群体时，心理学家们发现，这个群体的“时间感”和“空间感”往往不是很清晰（Jaycox et al., 1996）。如何去理解这个研究发现呢？比如，一个人在2006年经历过重大创伤打击，时间过去了10年，这个人很有可能在当下的某刻，因为接触到刺激源，触发了他的创伤记忆或感受，又立刻回到了2006年的创伤体验当中，并再次真切地感受到难以忍受的伤痛。所以，受创伤影响的人在承受伤痛时所感受到的时间和空间与当下实际的时间和空间会混杂在一起，让痛苦再度来袭。

Whitfield博士（1993）在他的书《边界与关系：理解、保护并享受其中的自己》（*Boundaries and Relationships: Knowing, Protecting and Enjoying the Self*）中将边界定义为“我们为自己与他人之间设置的界限，并且可以通过明确对方指向自己的哪些行为是我们可以接受以及不可以接受的来确立它”。他进一步阐述道，一个人明确边界的能力来自对自己的健康的自我价值感，不会因为他人的评价或传递来感受而改变这种自我价值感。

自我价值感是一种内化的感受，它所联系的边界概念可以包括：

智慧边界

表达自己的意见是我们的权利。即使他人不认同，也无权通过贬低、指责我们智力或能力的方式侵犯我们的边界。

情绪边界

情绪边界，在我们的文化背景中，尤其在亲子关系中往往不受到重视。比如，孩子被认为太小，没有能力表达感情，也不懂感情，所以父母往往否定孩子的感觉。这是对孩子情绪边界的一种侵犯，会造成孩子长大成人之后不能确定自己的感受，并且怀疑自己的自我认知。

身体边界

身体是属于自己的，身体权利是不容受到侵犯的。这里，最严重的身体边界的侵犯就是性侵犯。

社交边界

我们都拥有结交自己认可的人做朋友的权利、进行自己喜欢的社会活动的权利。当然，在进行这些社会活动时，我们需要考虑到自己是否侵犯了他人的社交边界。所以，考虑到与他人的关系，平衡好自己与他人社交边界的状态，也体现出一个人的自身文明程度以及社会成熟程度。

精神边界

我们都拥有选择自己信仰的权利，不受他人强迫和影响。

了解了边界大概都包括哪些方面之后，我们就要学习如何去设置它们。根据Albert Bandura的社会学习理论，我们需要通过“好的模范”来学习这项技能。但是，在我们的文化环境里，我们更看重人与人之间的互相包容、联系，而会鼓励个人去牺牲自己的利益来成全他人。这种思维方式自然有它优势的一面：比如，我们似乎更加容易建立起一种和他人不分彼此的亲密关系，就像北京人称呼的“发小”，就是一种两小无猜、亲密无间的长期的良好的人际关系。可是它带来的问题也的确很多，比如我们现在讨论到的这个重点问题:无法建立起一个健康、稳定的自我价值感，从而引发一系列的针对自己或者环境中他人的心理问题。

如何建立健康的边界呢？我给大家提四点建议：

觉察自己的底线

这包括了智慧、情绪、身体、社交，以及精神方面的底线。思考自己分别与陌生人、同事、朋友、家人，以及亲密关系中的另一半需要如何调整这些底线？我们可以通过创立一个“边界格子”分别表述一下自己可接受的、不可接受的行为、态度都有哪些？通过回忆过去的不愉快的经历（当然不属于严重创伤类）梳理出自己的底线标准。

学习自我坚定

这是一个不断练习的过程。在受到强势或者不公平对待时，做到坚定地表达出自己的意见和感受。平静且坚定地表达比无法控制住情绪的发泄更加有力量。同时，我们也需要针对客观环境做出判断，如果我们面对的是情绪失控，甚至威胁到生命的人，更理智的做法是远离这样的威胁。

练习，不断地练习

练习，不断地练习，直到建立边界真正内化成为自己的能力。

选择离开

已经尝试了所有自己可以做的，向对方诚恳地表达了自己的边界在哪里，然而对方还是没有给出适当的回应，依然在侵犯我们的边界，那么我们可以选择离开这段不具备滋养能力的关系。我们并不欠对方什么，我们需要做的是提醒自己自身的价值感，谁也没有权力让我们感觉低人一等。在我们没有影响到或者侵犯到其他人边界的前提条件下，我们的边界该划分在哪里，是我们自己的选择。

希望这些心理学知识能帮助大家用更加灵活多样、更加积极地思考角度观察并且认识自己。行动起来，利用这些心理知识和工具调整我们的“预期偏见”以及“负面自我评估”。

利用“预期偏见思维日记”和“处理预期偏见实验表”，根据自身情况设计试验，尝试用新的行为方式做出更加积极的预期结果。

“负面自我评估心理日记”则能够让大家系统地做自我觉察，看清这些模式化的负面思维如何影响着我们的判断力以及解决问题的能力。

还有很多工具可以帮助大家把低自尊的问题划分成比较好管理的一个又一个的小目标和方向。

用“自我优势记录表”和“积极自我日记”引导自己的注意力从只关注自己的缺点、劣势，逐渐转移到客观地分析、找出、认可自己的优点。日记的使用让我们通过回忆场景，利用更详尽的信息来帮助自己强化对自我的认可。同时，让我们注重当下正在发生的关于自我的积极改变。

“一周活动记录表”可以帮助我们观察并了解在自己的日常生活中，有什么活动让自己产生愉悦感和成就感，再设计一个“快乐活动建议表单”。用这些工具启发自己使用创造力参加更多让自己愉悦、有成就感的活动。

“愉悦感和成就感活动计划表”是建立在理解并熟练使用“一周活动记录表”和“快乐活动建议表单”的基础上的，让我们可以掌握主动权，自行设计我们希望过的生活，规划并且实现能让自己体验到幸福和快乐的人生。

Part Three

第三部分

巩固升华：如何建立客观合理的自尊

让规则为自己服务，我的人生我做主

▷ 命令与假设都有自己的生命

我们给自己下的所有命令、由于本能反应心而设想的所有假设，都有自己的生命周期。

怎么来理解这句话呢？

我们可以通过简要概括关于命令与假设的三个特点来理解它们存在的本质。

第一，命令和假设是我们通过学习而掌握的。

这就是说，我们认为自己必须遵守的一切命令，以及直接反映出来的对事物、他人和自己判断的想法假设，都有它们自己的来源，不是我们凭空想象出来的。当然，这并不意味着学习者本身对这些命令和假设的形成没有产生影响。即，学习者和被输入的一切信息之间不断产生交互作用，形成一个生态互动的过程。

比如，小时候学习好的孩子会被老师青睐、家长夸奖。

我们因此产生初步假设“如果我学习好，也会得到认可和表扬”，这个假设带给自己动力，通过提高学习成绩得到认可。这个阶段的假设在正常的思考范围。可是，从比较落后的名次努力达到班级的中等水平，然而，这个进步没有得到外界的认可，反而受到责备问自己为什么不是第一名。这样的打击会造成一个人产生不切实际的假设“一旦我没有考到第一名，大家就会认为我是一个失败者”，而直接促成极端命令的产生“我只有每次都拿到第一名，才算数”。极端的命令让人处于高压状态，产生焦虑。可见，命令的形成其实是一个自己与周围环境互动反馈的过程，这个反馈过程不仅影响我们的意识思维，还在不断地自我重复中影响我们的潜意识，直到它成为我们的一种本能反应。

第二，命令和假设受大环境以及文化的影响。

著名的文化研究家 Geert Hofstede 定义文化为一种“集体编程思想”（collective programming of the mind），就是说，我们所在环境的大多数人对事物形成的集体观点和态度塑造了我们的文化。文化一旦形成，会持续不断地影响新加入或者新降生的成员，直到有另一股新鲜且强大的集体观点成功地冲击旧有的意识，我们才有可能达成文化的突破和成长。例如，“重男轻女”。一个女孩子出生在一个极度重男轻女的地区或者家庭中，在她有自我意识之前，所有人都用男孩子更好、更重要的观点去对待她，让她感受到自己不重要，她便从思想上意识到，自己的女性身份没有男性有价值，接着这种想法会在环境的不断强化中被自己内化，最终形成“我不能和男生竞争，我不如他们”这样包含着命令和假设的自我认知。

第三，命令一旦形成很难改变，而它往往同促使它产生的极端假设形影不离。

文化是集体编程思想，具体到我们每一个人则可以把某个命令看作是属于自己的独特的编程语言。这就好比，人们被动或者主动地安装了一个个小软件一般，一旦装入我们的大脑系统，就会开启一系列的运行程序。比如，一个包含假设的命令是“没有人认为我的话重要，所以我不能发表意见”，它决定了我们接受外界信息的方式。你和同事说完一句话，同事恰好被一个来电打断了和你的交流，你却将这个反应解读为“他不重视我”，而不是考虑“这个电话或许很重要”。命令还会指导我们如何对外界信息做出反应。当认为对方对自己不重视，自认为“我是一个不重要的人”的时候，便会变得更沉默，更不愿意与人交流，强化了“我不重要”这个观点，让自己无法自拔。

那么，我们怎么破这个局呢?

▷ 命令需要为自己服务

我们先分辨一下哪些是利于自己，哪些是不利于自己的命令。

有利于我们的命令具备以下两个重要特点：

客观现实性

这样的命令不是凭空编造的，是可以找到事实依据的。比如，研究发现，如果我们经常刷手机，玩碎片类信息平台，我们集中注意力的能力会逐渐下降，而这个发现是有客观数据支持的。所以，了解了碎片信息的危害之后，我们告诉自己需要管理自己看碎片信息的时间，并且需要做一些对提升注意力有利的练习，比如，冥想。这样的命令具备客观现实性，并且对我们有利。

灵活且适应性强

灵活且适应性强的命令让我们依据客观条件进行调试，以更好地适应环境。比如，明天要上台演讲，可是今天有些咳嗽，此时，可以宽慰自己“明天演讲我尽自己最大努力就好，如果实在状态不佳，也不必过度怪责自己”。这样，我们可以在演讲前和观众诚恳沟通一下，告诉大家演讲中途可能被咳嗽声打扰，请见谅。这样的命令会让人放松自己，避免承受过多的心理压力，有益于锻炼自身的心理韧性（resilience），不会钻牛角尖。

相反地，不利于我们的命令则脱离现实，缺乏理性，固执极端，并且操作性低。在这些命令的指导下，我们会用一些特殊的标准要求自己，比如“我必须表现完美”；用极端条件限制自己，比如“在所有事情上都表现完美”；用更加严苛的后果压迫自己，比如“我必须不惜一切代价在所有事情上都表现完美”。

请想一想在当下，哪些命令是对自己有利的，又有哪些命令对自己不利，分别写下来。

____

____

____

____

▷ 不利的命令是如何影响自尊水平的?

低自尊心理的核心，是对自己极端负面的看法，是核心负面的自我认知。没有人愿意面对自己的不足，为了逃避这个痛苦，会制造出一系列的命令和假设，用来保护自己脆弱的核心负面自我认知，而这些命令和假设本身又存在着脱离现实、极端固化以及不具备实际操作性等的特点。这样的假设会让我们承受巨大的心理压力，为了达成命令而陷入焦虑和担心，生怕自己完不成命令再度印证核心负面自我认知就是自己真实的样子。

这些命令和假设的本意是一种自我保护，但它们同预期偏差和负面自我评估一样，促使我们用一大堆实际无用行为回避处理核心的负面自我认知问题。阻碍我们突破低自尊心理。

命令和假设导致的负面影响有这样五种：

第一，建立一个挑剔型的权威形象压制自己。

听上去很可笑，谁会让一个挑剔鬼没日没夜地跟着自己，而且还是个权威，他说什么我们都照单全收。

可是，低自尊心理的一个突出特点不就是很难从自己眼中的权威者那里得到肯定和赞赏吗？

早年的一些负面权威形象不懂得或者不知道应该保护孩子的自尊心，正确引导孩子成长，导致孩子与权威之间的关系变成了讨好——挑剔——受打击——产生低自尊——再讨好这样的封闭循环模式。孩子虽然已经长大成人，但这个模式会随着低自尊的心理状态保持旺盛的生命力，习惯性地从权威者那里寻求认可和肯定。权威者可能是领导，可能是情感依赖的对象，他们的话要比自己的声音更重要。把主导权和话语权拱手让人，不就是找了一个挑剔型的权威者没日没夜跟着自己吗？

第二，人际关系较为负面、具有评判性。

在人际关系中，关注的点总是围绕着“他对我是什么想法，态度好不好，我是否令他满意”，诸如此类，而不是“我们相处得是否愉快，我们的价值观是否相近”这一类的可以检视关系质量的思考。总关注别人是否在批判自己，往往自己感受到的人际关系也是带有批判性的，并且，还小心翼翼地避免让自己遭到批判，在人际关系中备受压力。

第三，经常懊悔。

低自尊心理的命令和假设让人处于没有退路和选择的境地。即，结果一旦不如预期，相较于自尊水平正常的人，低自尊者更容易陷入对不利选择的懊悔之中，埋怨环境、他人，但更多的还是埋怨自己。

第四，钻牛角尖。

急于摆脱低自尊心理的状态，促使我们制定更高的目标，更严格的要求，压力过大适得其反，落入低自尊心理的极端思维圈套里。

第五，爱比较。

低自尊者的比较心态比较隐秘。比如，在微信交流群刚刚认识了一个人，低自尊者会翻看对方的主页介绍，不自觉地进行比较：他29岁，我都32啦，叹气；他孩子上学啦，我还没小孩，难受……比来比去，觉得自己样样不如意。这种比较的本意，是急于找到证据来证明自己还不错、有价值，可低自尊心理会让人忽视自身优势，格外注意别人比自己强的地方。这种极端的命令和假设，让人陷入没有胜算的角斗场里，尝尽低自我价值感带来的痛苦。

生活中这样的负面影响还有很多，它们和低自尊心态以及给自己下达的命令和假设紧密关联。有什么办法从生活中除掉这些顽固不化的命令和假设呢？

复习

命令和假设的三个本质特点：

命令与假设是我们通过学习而形成的。

命令与假设的形成受我们所在环境中的文化背景影响。命令与假设一旦形成，很难被改变。

低自尊心理影响下的命令与假设的五个具有代表性的负面影响：

产生一个负面权威形象，让自己一直处于被挑剔、被指责和被否定的状态；

让自己处于负面的、具有批判性的人际关系当中，备受压力；

让自己更加容易懊悔，而不放过自己曾经做出的选择；

容易形成偏执型思维模式，把自己逼向墙角，走极端；

在生活中摆脱不了爱比较的习惯，加重低自尊心理。

识别那些阻碍你人生发展的外部因素

让自己保持好奇心，辩证地思考自己观察到的或者接收到的信息，区分“事实”与“观点”，利用灵活的方式、多角度地看待问题，杜绝命令与假设对我们的危害。

▷ 识别那些不利于自己的规则和假设

“命令”是我们给自己下的指令性语言，让我们本能地想服从它们；“假设”是一种人类独有的自己与自己沟通的能力，我们利用“假设”来预判未来，好做计划应对可能发生的情况。

现实中，有八种常见的命令和假设，识破它们有助于我们增进自我觉察，更准确地意识到自己正在经历什么样的心理历程，有针对性地解决问题：

心理过滤

我们有意或者无意地只将最负面的信息留下，让自己受其影响，产生相应的命令。

比如，给客户做项目策划展示，得到99%的客户的好评，只有1%的客户提出不同意见。忽略掉99%的好评，因1%的负面评价而强化自己“我必须得到100%好的客户反馈，否则就是失败”的严格命令。

这样的思考方式，就是一种心理过滤，导致无法客观地评估自己的产品展示思路，无法客观分析那1%的负面评价是否是合理的、符合客观实际的建议，错误地评估自己的工作能力，甚至可能失去那99%的支持。

弱化或不认可积极反馈

这种思维方式往往和心理过滤同时发生，只不过有的人会更倾向于过滤掉正面的信息，而有的人则更倾向于弱化或者不认可积极的反馈，也会有人兼具两者。

弱化或不认可积极反馈的例子比比皆是。例如，一旦有人夸奖自己，马上觉得“他只是有求于我才说这样的话”，或者“我哪有他说的这么好，他还不了解真实的我。一旦他看到真实的我，就不会喜欢我了”这样的假设。

全或无的思考方法

非常极端的想法，在思考时，常常会出现“每次”“总是”“一定”“从不”这样的词汇或者用语。而且，用全或无的思考方式简单地把人分为“好人”和“坏人”。一旦喜欢一个人的某方面，就认为这个人什么都好。反之，发现这个人的某个缺点，就对这个人全面否定。

陷在全或无的思维方式中的人无法用复杂、多角度、综合不同情况和条件来分析人或事。比如，社交方面，只和某类人接触，不愿扩大自己的社交圈。

在这样的命令和假设的指挥下，我们容易受到他人观点影响做出选择。例如，只和老师认定的好学生做朋友，疏远那些不受老师重视的同学。

过度概括

在尝试新经验的过程中遭遇挫折、不顺利，就认定今后遇到类似情况都会如此。

比如，找工作面试了两个公司，没有通过，就生出“我面试技巧太差”这种悲观假设，放弃继续尝试。

过度概括，会让我们过于关注结果，不能客观分析原因：自身经验与应聘岗位差距太大，换一个岗位成功率更高，或者，知识储备尚不足以满足岗位需求，需要充电再去应聘。

盲目下判断

过于相信自己的直觉，武断猜测，缺乏审慎、严谨的态度。比如，发现平时很热情的同事最近不爱和自己说话了，在没有和对方交流的情况下，就认定“他一定是和 × × 聊过天，× × 就爱说我的坏话，我又被孤立了”这样的假设。可事实是，同事家里出了事心情不好。盲目下判断让自己无故对同事们产生厌恶感，恶化人际关系。

过度夸大或者弱化情况

想正确处理一件事，首先要做的是客观真实地看待它。

过度夸大导致我们把结果想象得非常糟糕。

比如，失业了，尽管家里有二三十万存款，却仍焦虑地想“完了完了，我生存不下去了”。这样非常悲观的假设不利于整合现有的资源，重整旗鼓。

而过度弱化，则完全相反，盲目乐观最终给生活带来困扰。

比如，经常头晕却不愿看医生，故意忽视病情，认为“只是没休息好”。这样的错误判断只会延误病情，影响治疗。

过度夸大和弱化的思维方式都会让我们做出误判，给生活带来不利影响。

认为所有的人和事都和自己有关

这种思维方式的核心是希望掌控身边所有的人和事。一旦事情不像自己想象的那样，或者人们不像自己认为的那样回应、对待自己，就认为是自己的问题，或一定和自己有关系，从而产生焦虑不安的假设猜想。比如“领导今天没和我打招呼，一定是因为我昨天交的报告让他不满意”，事实上，领导只是心情不好，不想跟任何人打招呼。

感情用事

认为自己的感受代表着事实，不去对人或事进行观察和了解。这在恋爱中比较常见。

比如，男孩子发觉自己喜欢的女孩子对服务员不礼貌，也常常对自己乱发脾气，很任性，以自我为中心。但因为正处于热恋期有“滤镜”，所以把女孩子的表现解读成“闹闹脾气而已，对我今后一定会很好的”。然而，在一起久了，发现女孩子的脾气没有任何收敛，但已经错失尽早沟通解决的时机。

最后，我们可以用一个生活中常见的例子来总结以上不利于自身成长发展的思维模式是如何潜移默化地起消极作用的。你是否经常给自己贴标签？比如，“我这个人就是懒”，这句话实际上是“过度概括”“不认可积极反馈”等思维方式。当你说“我就是懒”的时候，是否真的“从来”就没有“勤劳”过呢？难道每一件事都“很懒”吗？

当我们区分自己的思考或者行为方式的时候，需要找到准确的语言来描述它们，以便清楚地意识到自己在想什么、做什么。而这些标签，经常是不客观的。回到“我就是很懒”

这个例子，我们并不是做什么都很懒，只有在被强迫做某事的时候缺乏动力，不积极。可在做感兴趣的事情时效率非常高。所以“我就是很懒”这个标签就是“过度概括”式思维，不利于我们客观地观察自己的思维和行为方式。

只有当我们公平、客观地对待自己的时候，才会发现给我们造成困扰的问题到底是什么，才有可能解决问题。撕掉“我就是很懒”的标签，才会发现自己只是不喜欢被强迫指派工作，从而和领导进行有效沟通寻找解决方法，而不是顶着“我就是很懒”的标签消极地对待工作。

这些思维方式都会产生不合时宜的命令和假设，给我们的生活带来负面影响。希望大家更清晰地觉察出自己的认知偏差，尽快找到调整方向。

▷ 用四个助力小工具抓住这些命令和假设

大家可以用以下方法发现并记录不利于自我成长、自我发展的命令和假设。

思维日记

用日记记录自己一天中印象深刻的人和事物，以及自己的感受和体会。参照上述的命令和假设，记录自己的生活，标出那些不利的命令和假设语句。

提炼主题

当不利的命令和假设出现时，有什么共同的特点或者线索可寻？通过问自己下述问题找出主题：

一般都会在什么情况下使用这样的命令和假设？

当否定自己时，最常用的词汇/句子是什么？

当我想象对结果的负面预期时，一般都有哪些相似的内容？

别人做出哪些举动时我就变得不自信，会给自己下哪些命令，或者想象哪些假设情景？

对自己以及对他人的负面评价观察

当我们对自己或者他人表达不满时，可以问以下问题：

我用哪些特殊的标准要求自己或者他人？

我不允许自己或他人做哪些事？

我一般会对他人有哪些期待而他们总达不到？

如果我不用那些严格标准要求自己和他人，我担心的糟糕结果是什么？

家庭传统

我们脱口而出的严格命令和假设，有很多源自我们的成长环境，是别人对我们的要求。可以问问自己：

在我小时候，被要求什么事可以做，什么事不可以做？

在我小时候，我做了不该做的事，会受到什么样的惩罚？

我在小时候因为什么事遭受了惩罚（注意，这里的惩罚不一定是家长事先告知过不可以做，但我们违背的事）？

如果我没有达到父母的期望，他们会用什么样的话语惩罚我？

当我淘气或者犯错误时，我的照顾者一般如何惩罚我？

我做了哪些事情，会被家里人、老师和学校奖赏？

我的家人各自都有哪些世界观、人生观、价值观？

他们的世界观、人生观和价值观，有哪些是我认同的、有哪些是我不认同的？

这些思考工具能帮助我们找出尽可能多、尽可能详尽的命令和假设。写出来，就可以更加认真地解决问题。

复习

提升觉察力的四种方法：

1. 使用思维日记，用笔标示出不利于建立稳定的高自尊的命令和假设的语句。

2. 提炼主题，发现自己惯用的模式。

3. 观察自己对待自己和他人的负面评价，觉察哪些命令和假设正在影响自己的人际关系。

4. 复盘家庭传统。我们的很多思维和行为方式来自我们的成长环境，所以一般会认为这些都是正常、自然的举动，而不去质疑它们。小时候被家里人严格灌输的“道理”或“标准”并非是人人奉行的黄金守则，如果我们总以自己的标准要求、评判他人，会让自己生活在各种标尺构成的规则牢笼里，承受巨大的压力，无法建立轻松、健康的人际关系。

建立积极习惯，让自己的自尊水平更稳固

▷ 九步调整法

命令和假设隐藏得比表面的快速思维反应“预期偏见”和“负面自我评估”更深，所以改变它们需要我们做出更大的努力。九步调整法是一个建立在清晰的连贯性的逻辑思维模式上的工具，推荐大家使用。

第一步：准确定位并确立改变方向。

利用前面提供的几个方法觉察出不利于自己的命令和假设都有哪些？从里面选择一个自己最迫切想改变的命令和假设，给自己制定一个明确的努力方向。也可以选择最容易改掉的命令和假设，以增加信心改掉更多的命令和假设。

第二步：细数该命令和假设给自己带来了哪些实际困扰。

尽量全面地叙述该命令和假设影响到了自己的哪些方

面，越详细越好。比如，“我不能对别人说不，不然他们会排挤我”。这样的想法只会挤压自己的生存空间，越来越害怕社交，甚至放弃融入社会；不敢或不愿接受新的机会和挑战；不敢表达，沉默孤僻；产生越来越深的自我厌恶感……详细罗列出来，做成参照资料，用于观察自己做出改变后这些负面情况是否消失。

第三步：为自己设计一些危险信号。

危险信号用来预警不利的命令和假设即将被触发。比如，违心答应别人的要求之前会有一些小动作，搓手或冒汗，心生少许焦躁感，或者厌恶对方。这些信号就在提醒我们注意命令“我不能拒绝别人”已经开始运行了。

第四步：反思命令的来源。

很多命令是家人从小灌输给我们的，我们在潜意识里有执行它的冲动。比如，命令“不能拒绝别人”的来源是小时候父亲教育我们与人为善，助人为乐。那么，在我们了解到建立合理、健康的心理边界的重要性后，就要有意识地思考父亲的价值观有哪些可以接受，哪些可以不接受，形成适合自身的价值观。命令源自于家人，而我们自身也知道与人和谐共处的重要性，所以对这个命令的抵抗力不强。明确了来源，才会知道为什么改起来很难，所以即便接连遭受失败，也能多多体谅自己，继续尝试，不放弃。

第五步：与自己论证命令的合理性以及不合理性。

讨论命令是否不合理、缺乏灵活性、缺乏可适应性、极端，来得出客观的答案。比如，“我不能拒绝别人”的命令就是不合理的、缺乏灵活性、缺乏可适应性，还特别极端。

第六步：分析命令的功能性。

分析命令在当下对自己是否有好处。

其实，许多命令和假设从长远来看，是阻碍我们发展的，但在短期内能带给我们即时的好处，而这种即时的好处就是功能性，它促使我们不断重复某个行为。比如，不拒绝别人的即时的好处就有很多：不必去面对和别人意见不一致时产生的人际压力、能塑造人缘好的形象、听别人的就不必自己费脑子也不用担责任……

第七步：分析命令和假设的坏处。

不利的命令和假设，长远来看必然限制我们的发展，把这些坏处具体是什么罗列清楚。例如，不会拒绝别人，长此以往必然导致自身的边界被无限挤压，对人际交往产生厌恶心理，对自己的自我保护能力产生怀疑。

第八步：积极思考，找到更加平衡的行动准则尽力留住命令和假设已经带来的好处，防止它们带来长久的负面影响。

即，重新设计更具灵活性的命令。

比如，命令自己“只拒绝影响到我生活的要求，如果因拒绝惹他不高兴，那就要考虑一下和他的关系是否是我不可或缺的”。

这里需要注意一点，新命令比原来的命令更灵活，但也更复杂。所以，一开始练习执行新命令肯定很不适应，磕磕绊绊的，甚至引来麻烦和损失。可是，随着我们解决问题的能力越来越强，新命令得以逐步完善，我们就可以平衡利弊得失。

第九步：执行新命令。

不断地实践新命令，积极地感知、觉察、反馈给自己在实践过程中发现的新问题，做出优化调整。比如，当我们委婉、坚定地表示拒绝时，发现这对新同事比较好用，对老搭档不好用。我们就需要思考，与老搭档打交道时，是否有其他命令在控制着我们，比如，“他曾帮了我大忙，我得感恩，不断地回报他，不能拒绝他”。如果是，就需要重复第四到第九步的步骤做调整，直到心态平衡，不再受严重困扰为止。

▷ 形成新习惯——九步法表格

以上就是我们关于“命令与假设”的九步调整法，这里有命令和假设调整表格供大家使用。

命令与假设调整表格（含范例）

我想改变的命令和假设是?
我不可以说不
这个命令和假设影响了我生活的哪些方面? 承受很大的心理压力 厌恶人际关系 沟通表达能力开始下降 厌恶自己
这种情况发生时都有哪些危险信号? 行为：我会搓手 情绪：我会焦躁 思想：我会想“这个人怎么这么讨厌” 身体上的反应：莫名其妙地冒汗

续表

<table>
<tr><td colspan="2">这个命令和假设的源头是?

父亲教育我与人为善，拒绝别人是粗鲁的表现
家人经常谈论拒绝帮助他们的人都非常冷血
我发现如果我不拒绝别人，别人对我的态度就会比较好</td></tr>
<tr><td colspan="2">这个命令和假设都有哪些不合理的地方吗?

有，有的人爱占别人便宜。我对他很好，但他认为我就应该这样做，从来不表示感谢</td></tr>
<tr><td>这个命令和假设的好处是?

避免人际关系冲突</td><td>这个命令和假设的坏处是?

自己边界受到挤压
心理压力增大
厌恶人际关系
怀疑自己的能力</td></tr>
<tr><td colspan="2">一个更加合理、平衡的命令和假设会是什么?

有条件地帮助别人，比如，在我有空余时间时
我可以委婉但坚定地表达拒绝，比如“我知道你现在很着急，但我连自己的工作都完不成，所以，我现在没办法帮你”</td></tr>
<tr><td colspan="2">我可以做些什么让这个新命令成为我的习惯?

增强自己的觉察，关注自己的心理感受
我可以告诉一个我信任的朋友我想做出这样的改变，当我产生动摇时，请他提醒我
给自己写一些报事贴，贴在床头或者书桌上提醒自己</td></tr>
</table>

看到这九步法设计的表格，如果自己萌生“怎么这么烦琐呀，好累、好烦”的想法，非常正常。因为在大多数的时间，我们的决定和选择是凭感觉、喜好、习惯来快速做出的，这就让我们的思维产生误区，让自己偏离本来的意愿和方向。比如，本来的意愿是拥有一个快乐自如的人际圈子，可是快速命令是“不让别人讨厌自己，不要拒绝别人”，行为以此为准绳了，偏离了自己最初的意愿，变得事事迁就别人。而这九步法，将我们的思维误区重新整理，一步步分解出来，就像用慢镜头分析我们是怎么做出一个又一个选择的。虽然我们花了较多的时间进行思考、判断、决策，可是，我们获得了更多的选择机会，赋予了自己更多的自由。

所以，我衷心建议大家，练习让自己慢下来，陪着自己一步步走上掌控感更强的人生道路，享受慢思维带来的好处！慢思维，并不是指效率低，而是我们给自己耐心学习、练习、成长的时间，确保熟练掌握了这些思维习惯，效率也自然得到提高。

低自尊的源头——顽固的核心负面自我认知

用“平常心”陪伴自己成长,比要求自己立刻变化，效果更理想。读到这里，我们能够比较从容地应对那些“预期偏见”“负面自我评估”，以及“命令”和“假设”，有了适当的经验积累，接下来我们要面对的就是笼罩命运的“咒语”——核心负面自我认知!

想要弄清楚自己内心深处到底是如何看待自己的，到底存在什么令自己痛苦不堪的想法，需要我们诚恳地和自己交流，勇敢地面对自己未知的恐惧。所以，在接下来的内容中，你若发现很难深入下去，不必慌张焦虑，那是你潜意识中的自我保护。你只需要在自己力所能及的情况下，利用已经学习到的知识和方法，增强自我觉察，在每一个当下做出适合并且滋养自己的人生选择。

▷ 回到过去帮助自己——问自己三个方面的重要问题

深入分析并观察核心负面自我认知的特点，利用三个重要问题来觉察对自己的看法，当然，这其中很可能包含对自己的负面看法。

大家已经知道，可以把自尊看作是一个人对自己存在感的感知、自己对这个存在状态所产生的评估。所以在讨论核心负面自我认知这个概念时，需要更进一步理解、体会"核心自我"是什么。

心理学研究发现，大家看待自己时，通常会用一种概括的方式，而不会以"我是一个复杂的人，我的想法做法在不同的场合里有不同表现，不可以用单一的词语来形容我"这样的句子描述自己。并且，这个概括的"自我概念"在大多数人的脑海中会被认为在一定程度上是稳定的、不可改变的。或者说，一旦察觉出发生一些改变，就会生出"我把自己弄丢了"的感觉（Fernandez-Duque & Schwartz, 2016）。所以，定义自我的过程其实是帮助一个人找到稳定的自我人生定位的过程，有了它，我们才会在一定程度上更真切地感受到自己的存在。

你可能会问，这个概括的自己不就是我们认为的核心自我吗？如果我把自己概括成一个总体上很负面的人，那不就成了核心负面自我认知了吗？

的确是这样的。

我们如何概括自己，决定着自己人生道路的走向。自我概括倾向于负面，会产生严重的心理矛盾。那是因为，一方面出于我们趋利避害的本性，远离这个让自己不舒服的定位；可是在另一方面，负面的自我概括伴随着我们长大，是个非常熟悉的自我定位，一旦有和它不一致的感受出现，我们就会恐慌、害怕，感觉把自己弄丢了。

想从这种自我限制的概括性思维当中解脱出来，就要意识到无论我们接收多少否定自己和贬低自己的信息，都不要退缩，我们的成长有无限的可能和潜力，我们要竭尽全力为自己创造适合自己成长的内在环境和外在环境。

可以用这样的三个重要问题，对核心负面自我认知进行觉察：

第一个问题是：无论听到或者接收到任何信息，问自己，这个信息会让我如何看待自己？

比如，留学期间小组讨论课题，被同学挑剔英文差，甚至遭受“你能力低下，怎么被录取的？你根本就没有能力完成这个课题”这样的语言暴力。这个时候，我们要小心分辨自己的状况是否是一句“能力低下”可以概括的，还是“我承认自己的英文水平还需要提高，但是用英文水平判断我的能力，是不全面的”这样的描述更为客观一些？

通过觉察分析，得到的最终判断是：这个同学不会尊重别人，他的沟通方式已经构成语言暴力，我需要考虑如何正确处理这个问题。

通过询问“这个信息让我如何看待我自己”，给自己时间去觉察、分析、反思，在面对刁难、贬低时，有更多的选择。如果最终的选择是，同学对我进行了人身攻击，不利于我的成长，那么我就自然滤掉了无用的环境反馈，而不是受负面评判语言的影响，心情沮丧，自我怀疑。

第二个问题是：这个信息能让我改变对于“我是谁”这个问题的看法吗？比如，有个朋友自认为是个有趣的人，喜欢热闹，总评价内向的人很无趣，而自己恰好是一个比较内向的人。这时，我们需要觉察一下，他的话是否会影响我们对自己原本的认知？如果是，就想想看，自己为什么会因为他的一句评判而否定原本的自我认知？

摇摆不定的自我认知，说明易于受到他人观点的影响，无法坚定本身拥有的自我认知。易于受他人影响的人常讨好他人，把他人思考的方式和内容看得更为重要，忽视自己的想法和感受。

第三个问题是：询问自己如果我这么在意它，那它对我的意义是什么？

我们会自动地对周遭发生的一切产生感受和反应，不过，这些感受和反应会随着事情的重要性产生不同程度上的区别。当一件事或者一个人带给自己很强烈的感受，产生很大反应时，可以停下来问问自己，它对我为什么这么重要？它对我的意义是什么呢？

答案里常常包含着对自己的核心负面认知。比如，没有得到晋升，深受打击。深入思考就会发现，自己把竞争失败等同于无能。正因为这个核心负面自我认知，导致自己无法像其他晋升失败的同事那样对这次职场失利泰然处之。

▷ 四个线索收集法

有四个线索收集方法可以帮助大家找到造成核心负面自我认知的因素。

第一个线索：从负面的人生经历当中寻找。

通过问自己以下问题，梳理究竟哪些负面经历形成了现在的自我认知？

这个糟糕的经历让我认为自己有什么重大缺陷吗？如果有，是什么？

我是否总是对某一个或者某些负面场景念念不忘？如果有，这个或者这些场景让我对自己产生了什么想法？

我的生活中是否有一个特殊的人让我对自己产生特别不好的感受？那个人是否用负面语言形容我，他说了什么？他对待我的态度让我如何看待自己？

第二个线索：利用我们的“预期偏见”。

把预期偏见思维日记找出来，从我们记录的想法当中寻找有关自己的核心负面自我认知。用下述问题帮助自己深化思考：

如果我的预期偏见真的发生了，这会让我如何看待自己？

如果我没有使用平时的自我保护做法（比如，不参加大家的讨论和发言），那么我最担心的是什么？

第三个线索：深入分析自己的“负面自我评估”。

负面自我评估可能包含关于自己的大大小小的事情，大到认为自己没有人格魅力，小到认为自己笨手笨脚。利用之前介绍过的负面自我评估记录里面的内容，提出下列问题帮助自己深化思考：

这个负面自我评估，让我如何看待完整的自己？

我的负面自我评估有哪些共同主题（比如，都指向“我是一个无能的人”）？

我的负面自我评估是否让我想起小时候被这样指责过？这导致我如何看待自己？

我是否在某些方面特别容易产生负面自我评估？这些方面是什么？它们又让我如何从根本上看待自己呢？

第四个线索：将注意力放在自己的优势和能力上。

被要求写出自身的优势时，往往感觉不真实或者总是很难清晰地描述出自己的优点。如果是这样，就回答以下问题，深入思考，找到核心负面自我认知：

当我想写出自己的优点的时候，遇到了什么困难？

用内心对话的方式将这些困难呈现出来，会是什么样的语句？

无法对自己表达善意的时候，我在心里对自己说了什么？比如，想夸自己很勇敢，可这样说的时候，心里有一个声音在说：“你胆小怕事，还敢说自己勇敢？”

最后，让我们通过梳理上述内容，总结一下，我们在内心深处，究竟是如何评价、看待自己的。把这些发现都写下来。

调整核心负面自我认知，建立积极自我

▷ 五步调整建议

调整核心负面自我认知的五步建议法：

第一步：选择重点。

在找到超过一个核心负面自我认知的情况下，选择一个来处理，避免因为定太多目标而备受压力，失去寻求改变的自信心。

做出选择后，回顾一下，这个核心负面自我认知，在什么情况下给自己带来的感觉最强烈，又在什么情况下让自己感受不那么明显？接着，分别回忆和这个核心负面自我认知相对应的情绪——每一个情绪反应都可以当作最直接的自我觉察信号。有了清晰的觉察，才能更细致地了解自己的心理动态，从而更准确地判断出这个核心负面自我认知究竟是由哪些主要原因引发的。

我们用一个处理社交恐惧的例子来说明这个过程。

在单位和同事相处总是不自然，又因为有轻微口吃，和不太熟的人交流会有压力，尤其是团建的时候，和大家没话说，总感觉很尴尬。

通过分析思考，我们可以：

1. 确定核心负面自我认知。

核心负面自我认知是“自己没有价值，大家都看不起我”。

2. 确定在什么环境下，核心负面自我认知会带给自己最强烈的负面感受。

回忆过去的经历，如果有自己信任的人在身边，比如，亲人、好朋友，这时“我没有价值”的感觉是最低的，温暖自在；反之，在不熟悉的人群和环境当中，容易感觉到“我没有价值”。

3. 确定与核心负面自我认知所对应的情绪感受是什么。

当感觉“我没有价值”时，会感到羞耻、悲伤和恐惧。

通过以上的对比分析，可以推断，低自尊心理极有可能是因缺乏同陌生人打交道的经验而引起的。也就是说，当自己习惯和熟悉的人、环境打交道时，就能认为熟悉的人不会批判、否定自己。但是，现在陌生的关系让自己无法确定别人是否会善待自己，从而对环境缺乏安全感，心态不稳定，容易陷入低自尊心理的状态中。

这样详细思考的好处是，比较全面地了解关键内容、低自尊产生的环境条件，以及它对自己产生的影响。这为问题的解决建立了系统的思维基础，避免自己纠缠于“我没有价值”的负面标签，无法自拔。

第二步：论证这个核心负面自我认知。大家还记得论证的概念吗？就是我们要成为自己的律师，为自己进行客观辩护，不偏袒也不冤枉自己。还是利用上面那个社交恐惧的案例做分析，通过提问下述问题启发自己多角度辨析核心负面自我认知是不是站得住脚：

是不是有其他客观条件也会影响自己负面地看待自己？

比如，自己是否有可能正受到抑郁或者焦虑等情绪问题的困扰？或者最近生活里有重大事件发生，失业、分手，等等。

是否因不好的人生经历而过度概括自己现在的情况？

比如，曾经在公司团建时被不友善的同事排挤。

是否对自己提出不适合自己个性特点的要求？

比如，明明很内向，却希望自己能在社交场合非常受欢迎。

是否故意放大自身的缺点？

比如，有轻微的生理性口吃，无法容忍自我表达时出现说话不连贯的情况，总想改掉口吃。越在意越紧张，加重了口吃。

是否过度依赖观察他人对待自己的方式和态度，以此评价自己的价值？

比如，团建时，同事不在乎自己的感受，甚至为了取悦上级，还拿自己的口吃开玩笑。很伤心但不知道如何正确应对，就把刀口转向自己，指责自己为什么有这个毛病。

是否在不停地拿自己与他人做比较？

总是拿别人的长处和自己的缺憾做比较。比如，拿那些侃侃而谈的人和口吃的自己比。这样的比较是不合理的。

这些问题帮助我们梳理出看问题的新角度，接下来就要思考是否有其他更合理、客观的解释可以回答我们提出的问题。比如：

最近刚刚和相恋6年的女友分手，心情低落，对公司团建没兴趣。所以，我可以告诉自己“正在经历失恋的痛苦，我看待自己的角度不是客观积极的，所以我在团建时表现得不合群，也是正常的”。

如果因为过去被排挤的经历恐惧社交，可以告诉自己“过去的经历伤害了我，但是也教会我要去分辨什么样的人更适合多交往。现在是现在，我需要总结经验，选择和自己谈得来的同事交流。谈不来的，就不必勉强自己”。

因为性格内向而不喜欢社交，可以告诉自己：“人就是有内向和外向的，大家各有各的特点和优势，当然也会有各自的缺点，这很正常。我本身就是喜欢安静一些的环境，不该因此自我贬低。”

因生理性口吃影响了自己的价值感，可以思考：

1.这个问题是否是自己可控的？如果不是，口吃是否可以代表自己整个人是谁？不能代表，那么自己为什么要用一个特点来定义自己的全部？

2.自己会不会因为别人的生理缺陷而嘲笑他？如果不会，为什么不会？嘲笑别人生理缺陷的人有什么样的价值观？自己会认同他的价值观吗？如果不认同，那么为什么要用他对自己的嘲笑来定义自己的价值呢？道不同不相为谋，只需要在“我要如何改变这样的人对我的看法和态度”和“他的人际交往方式非常幼稚粗鲁，我要不要和他保持距离”之间做出选择。

关于过度比较：问自己，比较行为对自我成长有实际作用吗？比如，到底是希望改变自己口吃的毛病，还是希望自己可以在表达观点的时候思路清晰？如果口吃是自己不能改变的，可提升知识储备和逻辑思维能力是靠自己就能解决的。

知识储备不足和逻辑思维能力较差是否被口吃的问题掩盖着，自己一直没有发现？因为口吃不愿在公开场合发表意见，那可不可以通过其他渠道或者方式来表达自己，展现自己？比如，写公众号文章就是个不错的展现才华的方法。

第三步：思考一个更加合理健康的替代想法。明确了核心负面自我认知的来龙去脉，就可以为自己设计更加平衡、客观的核心自我认知了。这个新的核心自我认知需要具备以下的一些特点：

更积极

更平衡

更符合自己的客观情况

既能否定旧的核心负面自我认知，又能明确新的核心自我认知是什么

达到客观、平衡的自我认知需要我们训练出更加缜密、复杂的思维习惯，避免简单粗暴地下结论、贴标签、习惯性地给自己差评。用刚才“我没有价值”的例子来说：

更积极、更平衡的想法是：“我的价值感是我的感受，是我的选择；我能选择相信我没有价值，那么，我也能选择相

信我是有价值的”；

更符合客观实际情况的想法是：“我目前经历的人生低潮让我状态不好，产生了自己没有价值的想法。允许自己休整一下，把力量重新用到该用的地方，我至少会努力找机会再站起来”；

不能只用否定句来否定过去的核心负面自我认知，以避免让自己简单地喊口号：比如，把“我没有价值”改为“我不是没有价值的”，这个替代想法无法阐述我们的客观状态到底是什么样的。而“我的价值感不能仅取决于我在社交场合上的表现，我在生活的其他方面做的都不赖，能证明自己的价值感”，则可以阐述客观状态。

第四步：找到尽可能多的证据来支持新的核心自我认知

要做到这一步，我们需要完成两个重要任务：

第一个任务：找证据证明新的核心自我认知。

找证据，不光是从现在找，还要从过去找、在未来的日子里继续寻觅。这么做的目的就是训练大脑有意识地把注意力放在新的核心自我认知上。

比如，证明自己是有价值的，可以回忆过去自己感觉做得不错的事情，强调积极的体验。初中学习压力大，虽然得不到家人、老师、同学的支持，但是靠着自我勉励顺利升上不错的高中。也可以是一件件微不足道但印象深刻的小事，曾经给失学儿童寄文具，还收到他们的回信感谢自己，很开心。证据收集的过程一开始会不太容易，因为大脑已经习惯了挑自己的毛病、他人的毛病，已经不习惯看积极的方面。对自己耐心一些，重新训练自己的大脑。

第二个任务：通过实践建立并巩固新的核心自我。

这个建议是面向未来的。因为我们不习惯和新的核心自我相处，所以不太相信新的自己。要充分利用大脑的概括定义功能，帮助自己建立积极的自我概念，提高生活质量。参考方式如下：

不逃避，不回避，面对挑战

辨认出实际无用行为，尝试对自己成长有帮助的行为

对自己友善

记得犒赏自己、鼓励自己

记录自己的成长、进步

帮助自己多行动、多尝试新事物

尊重并且有效守护自己的边界

举例来说，如果自己新的核心自我认知是“我有勇气通

过自身努力改善自己恐惧社交的状态，我是不放弃自我成长的人”，那么在遇到挑战时，比如，在下次参加团建时，先确认自己不是因为客观原因（家中有事）导致不能参加，而是主观上因为恐惧社交而不喜欢参加，那么可以鼓励自己不要回避这个挑战。

如果自己参加社交过程中的实际无用行为，是不同大家发生眼神交流，现在就试着和大家建立适度的眼神交流。社交过程中总是心情紧张，那就安慰自己，这是正常的，我正在尝试自己不擅长的事情。团建结束后及时鼓励自己，写下自己在哪些方面有所成长，认可自己的努力和进步。接下来，继续鼓励自己参加其他活动，增加社交经验。

在这样的过程中，觉察自己的感受，如果边界被侵犯了，主动练习保护边界的方法。比如，在确认对方并非故意，就用婉转的语句表达自己的看法，告诉对方下次不要这样，自己还是很喜欢和他做朋友的；如果对方和自己是不同频率的人，就与他保持距离，保护自己的边界不再被侵犯，即，使用沉默的力量。在沉默中坚定自己的价值，也是我们需要练习的课题。

第五步：重新检视曾经的负面核心自我认知。

观察一下，它是否还具有摧毁自己的力量？自己是否仍然对其深信不疑？检视有利于观察自己是否得到了成长，是否走在自我帮助的正确道路上。

▷ 鼓励自己，持之以恒——五步法工具

我按照五步法的建议设计了一个表格工具，供大家使用。

调整核心负面自我认知

目标核心负面自我认知	
我对它有多相信（百分比）： 现在： 什么情况下我最相信它： 什么情况下我不那么相信它：	我的感受有哪些？
新的核心自我认知是：	
我对它有多相信（百分比）： 现在： 什么情况下我最相信它： 什么情况下我不那么相信它：	我的感受有哪些？
旧的核心负面自我认知	

续表

支持它的证据有：	还有其他可以解释这些证据的方式吗？
新的核心自我认知：	
支持它的证据有： （从过去以及现在的经历中找）	支持它的证据有： （未来可以进行的行动有哪些）
设计新的行为来支持新的核心自我认知（选择可执行的）：	
现在我对以下的观点有多相信（百分比）：	
旧的负面核心自我认知：	新的核心自我认知

改变自己的核心负面自我认知，绝不是一个一劳永逸的过程。打个比方来说，调整核心负面自我认知就好像让自己从右撇子变成左撇子，过去用右手做的所有事情都转交给左手做，不适应，做不好，效率低，强烈的挫败感，都是必然的，但一定要持之以恒，不气馁，这样才有机会实现改变和成长。

检测站：健康的自尊是什么样子？

▷ 我们一起走了多远

阅读学习至今，你心理上有哪些变化呢？能清楚地把它们描述出来吗？心理上的变化是否也带动了生活和工作中其他方面产生变化？比如，觉察自己的能力得到提高，更懂得尊重自己和他人的边界，更加明确了自己的需求，知道什么时候该拒绝他人，用什么方式拒绝。

如果没有觉察到自己有变化，试着分析一下原因是什么。无法集中注意力？情绪波动太强烈而无法进行思考？如果是，不用担心，我相信，大家了解了自我觉察的概念之后，会找到适合自己的方法进行练习。情绪波动强烈，无法从情绪影响下脱离，可以找专业的心理咨询师处理情绪方面的问题，等情绪平稳下来，再进行认知方面的调整和干预。其实，还有很多较感性的心理调整方法可以供大家参考使用。例如，借助绘画或者舞动治疗，通过调动身体感受和情绪反应来联结自我，梳理郁结。

当我们能够和自己的思想合作，不再被它们控制的时候，我们的选择空间会大大增加，解决问题的能力会越来越强，更有信心和力量掌控自己的命运。

一起总结一下我们学到的内容吧。我把重点的知识点为大家提炼回忆一下，让小伙伴们感觉手里有一张地图，遇到问题时就比较清楚要如何去解决它了。

▷ 理解事实与观点的区别

每个人都有自己的观点，我们每天都在与各种各样的观点打交道。如果一个人没有养成质疑的习惯，或者没有掌握质疑的能力，就总是会轻易地把自己接触到的观点当成不容辩驳的事实，受其影响。

同时，事实也是暂时性的，例如，独生女在爸妈生了第二个宝宝后，她的独生女身份就不存在了。即便有些事实会跟随我们一辈子，我们也应当意识到，一个人人生的全部并不是由一个或者几个特点构成的。仅仅将某一个或者几个特征看成是人生的全部“事实”，只会压抑和限制自己。比如，得了重病，一直接受治疗，不断地提醒自己、暗示自己，病痛就是人生的全部，会让自己陷入人生无法继续下去的境地。与此相反，关注自己的生命力量，通过书写或者其他方式疏解情绪，把自己的生活感悟和人生智慧分享给大家，生命里就不再仅仅有病痛。用开放、灵活的态度观察和解读自己，让内在和外界的世界都丰富起来。

低自尊来自“核心负面自我认知”，对自我的负面概括。

它的源头大致有三个：原生家庭带来的负面经历、人生经历中的负面感受，以及近期发生的不幸的、挫败的人生体验，等等。这些经历不断在耳边说着：“你不够好、你做得不对、你没有能力、你不值得被爱……”。慢慢地，这些话被我们当成了定义自我的负面事实。

我们本能地不愿面对这些内化到内心的、有关自己的糟糕看法，就创造出两个思维武器“命令”和“假设”，以极端的思维方式避免感受痛苦。比如，要求自己每次考第一名，不然就是失败。这些命令和假设指导我们的行为，不断重复这个脆弱的自我保护模式，害我们没有机会真正面对、处理负面核心认知。利用休眠状态低自尊思维导图可以清晰地呈现这个过程。

在命令和假设没有起到保护作用时，就会有反应更快的思维方式“预期偏见”和“负面自我评估”出现。它们让我们为最坏的结果做准备，并让我们在这样的负面思维中陷入自我怀疑和自我否定，打击自己。这是由危险情景触发的活跃状态的低自尊。

休眠状态的低自尊和活跃状态下的低自尊会形成无限循环的负向思维导向圈。

针对预期偏见、负面自我评估、命令、假设，以及核心负面自我认知，我们一起进行了深度思考，并总结了一些应对方法。但这些都是建议性、协助性的思考手段，效果因人而异，因环境、条件而异。对自己低自尊的形成原因、顽固持续的原因做到彻底了解，我们就能充分调动自己的思考力和创造力，借助书里提供的工具，或者自己设计的更适合自己的工具，建立起健康的自尊。

鉴于此，我给大家的建议是，多温习理解低自尊形成的思维导图，对照自己的情况找出影响自己的核心问题。抓住了核心问题，通过自我觉察干预它对我们的影响，做出有利于自己的新选择，创造让自己改变和成长的机会。

▷ 用思维导图建立健康自尊

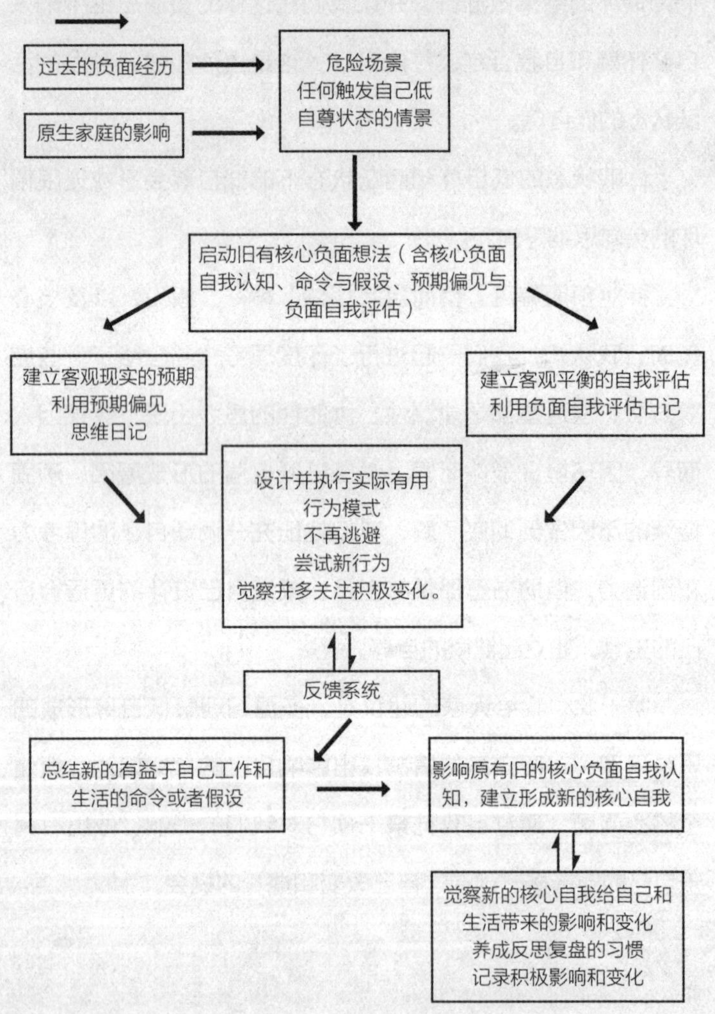

图4 建立健康自尊结构图

观察思维导图 就会发现，建立健康自尊的切入点是“危险场景”。

休眠状态下的低自尊的形成和人生经历有关，而过去发生的一切不在我们当下的掌控范围之内，所以，建立健康的自尊就需要利用好每一个当下，而危险场景就为我们提供了在当下改变和成长的机会。

思维导图将过去的负面经历、原生家庭带来的影响放在了危险场景的左边，它们对危险场景的触发作用是用虚线标示出来的，这也就是说，当我们逐步建立起健康的自尊水平之后，过去的负面经历、原生家庭给我们带来的影响都有可能停止，这个现象在心理学上称为心理韧性，也叫作心理复原力（resilience）。

危险场景是一个过去常常触及痛点的事件，比如，惧怕和领导打交道，却被安排接待领导来访。此时，如果受到旧有的负面核心自我认知的干扰，会想“我会被领导认为是无能的人，因为我本来就是一个无能的人”。与此同时，过去的那些命令、假设、预期偏见、负面自我评估在惯性思维模式的影响下被启动。

在思维导图里把它们放在了“启动旧有核心负面想法”这个大标题下。不否定它们的存在、不遏制它们的产生，在思维导图里如实地展示出来，需要我们接纳这个事实——它们是有可能被启动的。如果抵抗，遏制它们的产生，势必花更多的精力和资源。

我们需要做的，只是知道它们会发生，当它们发生时要做到觉察，然后主动做出选择：选择被这个惯性思维所影响，还是选择新的尝试？

下一步就是分别创立更符合客观现实的预期和更加客观公正的自我评估。

比如，设立合理预期，“我本来就不善于和领导打交道，那么今天只要我做到对领导尊敬、礼貌就已经很好了，我可以慢慢提升与领导交流的能力”。而平衡公正的自我评估，则可以是尽量发现自己做得还不错的地方，比如，帮助领导解决了一些小问题，或者把领导交代的工作顺利完成。这个可以参考处理预期偏见、负面自我评估的方法。

接下来，采用新的对自己有实际帮助的行为替代过去的安全行为。比如，领导和自己说话时，尽可能不回避，能回答的提问尽力回答。

整个过程保持对自己的觉察，多去观察自己的积极表现，积累关于自己的积极看法。可以用日记的形式把这些经历带来的新的体验记录下来，从中提取新的预期想法、自我评估、命令和假设，促进积极改变。摒弃旧的核心负面自我认知，一步步建立起新的核心自我。比如，觉察到自己同之前比，和领导谈话时，自己的态度变得更为正面和积极，在回答问题时比较自然轻松，不再唯唯诺诺地担心说错话、做错事。我们可以提炼出一些积极的新命令和假设，例如“领导问我问题，如果不知道答案，就如实说需要时间找一些客观资料，好为领导提供正确的信息，就可以了”。这样坚持下来，核心负面自我认知就会从“我是一个无能的人”慢慢转化成“不必否定自己的能力。我确实还有成长的空间，也在不断努力当中”这一类乐观的、充满期待的自我认知。

最后的一步，强化改变的意义。总结改变之后的生活与之前的生活相比，有什么不同。这些不同之处是否帮助我们提升了生活质量，是否让我们更愿意接纳自己，感觉更自在轻松？这样做，会让我们不断地用积极效果来激励自己坚持用客观合理的目标指导自己的实际行动，催生希望，人生更加积极。比如，每一次领导视察工作，我们观察自己是否表现得越来越自如，如果是，复盘一下自我认知是如何发生改变的。当我们切实看到、体会到这些改变带来的成果，就更有坚持下去的信念和力量。

如何维持健康的自尊水平

多年的心理咨询经验告诉我，来访者经常遇到这样的困惑：理智上知道要抓住当下重新选择的重要性，然而，道理都懂，可还是过不好当下。

要解决这个问题，首先弄明白“道理都懂”，到底都懂了什么？例如，减肥，学习了很多营养知识，并且非常认同营养学理论和定期足量、适量运动，可是，在执行的时候还是出问题，不由自主地往快餐店走。可以想一想，问题是不是出现在执行上。进一步观察、分析执行力，就会发现仍潜藏着很多还没弄懂的东西。

怎样才能做到真正做到知行合一？

这里有一些建议，帮助大家形成一个积极循环的模式，不断进步、成长。

▷ 践行、践行，还是践行

客观分析在践行过程中出现的拦路虎都有哪些？如果我

们并不缺乏改变的理论和知识，那么在执行时遇到的阻力到底源于何处？

通过书写梳理思路。

大脑每时每刻都在处理大量的信息，即便大脑的各部分紧密合作，也不能保证自己的思绪可以听自己指挥，集中在需要解决的问题上。况且，我们还可能受到环境中各种因素的干扰。所以，把需要集中注意力解决的问题写出来，引导自己的思考方向。具体的操作方式是：

首先，把改变的目标写出来，尽量清晰、具体地描述这个目标。

比如，不写“我要减肥”，而是写“我希望在3个月内减掉10公斤”。后者给人更加清晰、明确的感受。

把自己“懂了”的道理罗列出来。

罗列的道理必须是已经得到我们认可的，且我们具备执行的条件。有些我们非常认可，但不适合自身条件，那么就找出替换方案。比如，身体条件不适合做剧烈的有氧运动，就用瑜伽或者游泳代替。罗列的过程，也是一个梳理信息、反馈信息给自己重新调整的过程。

在“懂了”的道理旁边，写下自己想到的困难都有哪些？

这个步骤是梳理拦路虎的过程。全部检视并且写完之后，再观察一下，这些拦路虎有什么共同点，或者共同的主题？比如，在“健康饮食”旁边写了“管不住嘴”、在“下班运动”旁边写了“有时不想动”……共同点是“自律不足”。找到了问题的核心，接下来要做的就是提升自律能力。

通过书写梳理，我们了解到自己到底卡在了什么地方，从现象中挖出了隐藏着的障碍。

就好比我们通过梳理，无法逃避地认识到，是自己的自律不足而导致减肥计划失败。此时，有人可能会很沮丧，冒出“只有失败者才无法自律呀，算了，我还是一个失败者”这一类的想法，陷入低自尊和负面自我评价的旋涡里。不经意间被触及核心负面自我认知，激起童年的负面回忆——被大人指责“你这么懒，管不住自己，以后还能做什么大事”，戳中痛点和恐惧。同时，自己心里有一个英雄一般的成功人物，他异常自律，从不懈怠，连偷懒的念头都不会有。可是，这个英雄形象是真实的吗？是否太极端了？设立一个无比完美的永远正确的目标，是否反而让自己没有信心达成自己既定的目标？

积极发挥创造力，制定可实现的目标，设计可执行的方法，才是实际有用的做法。例如，每天读晦涩难懂的论文，很辛苦，间歇看一部喜剧片或者恐怖片，没有什么不好。张弛有度，但从未放弃目标。减肥也是同样的道理，意识到是自律能力不足导致减肥失败，无法依靠自身的力量定期做运动，那么就去寻找外界帮助，例如，结伴减肥互相督促。

▷ 做自己的啦啦队长，别人不一定有时间

不断觉察自己尝试的新思维方式、新的行为带来的积极成果，及时肯定自己、鼓励自己。

行为上有一点点的进步，比如，从前看到同事们根本就不敢抬头，到如今可以适当地目光对视，微笑一下，这些都需要被肯定，这些是让自己继续努力下去的动力。继续为自己设计新的可以达成的小目标。比如，鼓励自己和比较友善的同事道早安。要记得，在这个循序渐进的成长过程中，把关注点放到不断鼓励和肯定自己已经做到的行为上；即使自己的改变没有得到外界的积极回应，也还是要鼓励自己，“我做到自我突破了”。

我在这里通过一个解析健康自尊的结构图，总结一下建立健康自尊都需要哪些要素。把它当作参考标准，可以及时反思是哪一个或者哪几个方面影响着我们的自尊水平。找到了答案，也就找到了解决问题的方向。

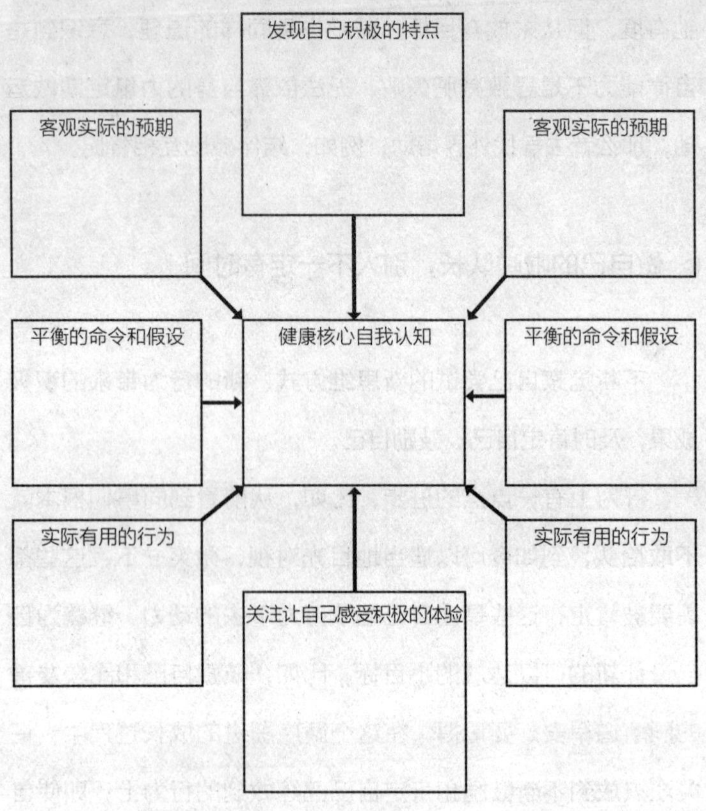

图5　健康自尊结构图

从图5正中心的健康核心自我认知说起，它是构成健康自尊的关键所在。

健康核心自我认知是与核心负面自我认知相对应的。本书出发的始发站是“核心负面自我认知”，终点站是“健康核心自我认知”，这一段心路历程，有各种各样的障碍阻挡着我们前进，产生放弃的念头。

图左边的竖排的3个格子，分别写着“客观实际的预期”“平衡的命令和假设”以及“实际有用行为”。这个竖排的内容指导我们对人和事建立客观的预期判断，调整给自己下达的命令和假设，让符合客观实际情况的想法指导自己完成对生活真正有用的行为。

图最右边的竖排3个格子，分别是“客观实际的自我评估”“平衡的命令和假设”“实际有用行为”。这个竖排的关注点是我们对自己的评价，让我们注意自己是如何想象或者看待自己的。发现有任何偏激的、不客观的想法，就及时做心理调节。并且，我们需要注意这些不客观的自我评估是否导致我们给自己下达了不利的命令和假设。是，就在这一步进行修正、调整，并执行那些实际有用的行动。

图中间的竖排，有两个格子分布在健康核心自我认知的上方和下方。它们中间写着“发现自己积极的特点”“注意关注让自己感受积极的体验”。这个部分在提醒我们重新训练自己的大脑，从关注负面消息或感受的状态转变为发觉生活中的积极体验、自己身上的优势和力量。

看着完整的健康自尊结构图，是否感觉心中更加有底了，知道如何一步步建立起健康的自尊了呢？

遇到反复怎么办?

任何改变都不是一劳永逸的，出现反复是很正常的。

美国近代的著名作家、思想家Frank Sonnenberg精辟地总结道:“我们会不断重复错误，直到从中领悟人生。”这句话蕴含着对自己的理解、接纳和鼓励，希望大家能够从中得到坚持的力量。

触发反复的原因有许多，这里总结以下几个重要的原因:

第一，面临着巨大的精神压力。

在巨大的精神压力之下，判断和决策的质量会下降。处于压力下，人的选择更多地被自己的习惯左右。

比如，低自尊心态的高中生在临近高考时，很容易受低自尊思维的干扰，频繁地自我怀疑，无法自我调节。这是因为在高考的巨大压力下，注意力更多地分散到应对压力上，学习稍有不好的表现，就会快速触发自我怀疑和自我否定。当有限的精力和注意力都用在应对高考焦虑和自我怀疑上时，很难分出精力客观理性地思考如何提高学习能力和心态。所以，当低自尊心态出现反复时，应当觉察一下此时此刻是否有巨大的压力在影响自己。如果有，找出压力源，想办法解决，扫除障碍。

第二，身体状态不太好。

因为身体疾病的原因，心态受到很大影响，要理解这是正常的反应。此时出现低自尊心态的反复，我们需要调整处理问题的优先顺序，尽力积极地配合治疗，恢复身体健康，不要强迫自己在身体不舒服的情况下处理低自尊的心态问题。如果受慢性病的困扰，长期身体不适，我们一方面鼓励自己照顾好身体，另一方面用理解、包容的态度平复自己的心境，合理安排生活目标。

第三，反复可能是一些自己还没有意识到的问题造成的。

卡尔·荣格用“顿悟”来形容我们忽然明白到底是什么原因在影响自己。他认为一个人需要不断理解、看到自己，将潜藏在潜意识中的思维习惯挖掘出来，只有这样，才不会被这些思维习惯和反应影响、限制，无奈、无助地把这些现象称之为自己的“命运”（*Jung*, 2014）。

举例来说，一个拖延症严重的人决定坚持健身，为了实现这个目标，对自身做了情况分析，报了一个很适合自己生活方式的健身班。在坚持健身1个月之后，忽然发现自己对健身完全提不起兴趣，开始拖延健身。利用前面学过的知识，仔细观察就会发现奇怪的地方——自己的感受一下子不好了，就认为自己无可救药。

首先要意识到，这是在用自我否定式的想法、贬低自我的旧习惯，来发泄对自我的不满，导致低自尊卷土重来。

然后，认识到自己的确没有动力继续行动完成目标，那原因是什么呢？梳理一下，是不是有遗漏掉的信息？仔细回忆后发现，原来是健身教练加大了锻炼强度，而自己对此不认同，却没有表达意见，强迫自己按照教练的计划练了一个星期。原来是讨好型人格在作祟。可见，没能坚持健身，并非是因为拖延成性，而是不敢表达自己的反对意见，变相地抵抗教练的安排。看，当明白了到底是什么原因在影响自己时，每一次的反复都能成为进一步认识自我的机会。

我们可以利用简单的三部曲应对反复现象。

▷ 三部曲处理严重反复

首先，我们要区分哪些是不严重的反复，哪些是严重的反复，做到心里有数。这样，当小的反复发生时，我们就可以做出快速的自我调节。

严重与不严重的界限，则需要我们根据自身情况做出主观判断。一般来说，轻微的反复，不太会给自己的生活、工作、学习带来影响，引发强烈的情绪变化，我们可以很快调整好自己。但在频繁地经历这些轻微反复时，就需要做一些心理调整，在严重的反复出现前，做好应对的准备。对此，我们给大家提供以下三个建议：

第一个建议：觉察辨认早期的反复信号。

一般早期的反复会有一种似曾相识的感受。比如，明明在很长的一段时间里没有出现怀疑自己或者批评自己的想法和感受了，但是最近却增多了。或者，发现自己又开始用过去的实际无用行为处理一些事情。与此同时，感受到自己并没有因使用这些方法缓解了压力、焦虑。这些情况就是我们需要辨认的早期反复信号。

分析反复信号发生过程中的共同点或者主题，然后复盘一下它们是否属于我们曾经处理过的核心负面认知、命令、假设，或者是预期偏见、负面自我评估。如果是，第一时间调整自己。当然，在这个过程中也要思考一下，有哪些原因让同样的事情重复发生？从中找到障碍并及时处理。

第二个建议：观察自己在践行的过程中，是否停止或者减少了实际有用行为？

如果有，说明内心还有阻止改变的障碍引发反复。在分析为什么无法顺利执行自己设计的行动方案时，要客观地区分到底哪些是实际存在的原因，哪些是我们潜意识中为自己寻找出来的理由和借口。这些理由和借口会让我们返回之前提到的实际无用行为，让自己在改变的过程中进退两难。区分清楚哪个是客观条件限制，哪个是自己的理由、借口并不是一件容易的事，在困难中挣扎时无法多角度地灵活地分析整个问题。这时，我们可以找自己信任的人一起讨论解决，或者找专业的心理咨询师帮助自己梳理。

第三个建议：寻求生活中重要的人或者自己认可的人的帮助。

在改变的过程中，和自己信任的重要的人建立起积极的关系。告诉对方自己改变的计划，邀请对方扮演信息反馈者。要优质的沟通，而不是向对方吐槽，倾倒自己的压力或者情绪垃圾。告诉对方自己意识到的问题，自己的改变计划的细节和小小收获。这样的倾诉被心理学家们称之为“赋权倾诉”，就是说，我看到了问题，我在想方法尝试解决，并且意愿强烈，所以，把权利赋予了自身。

举例说，如果向小姐妹倾诉自己在考虑和男友分手，可以这样说“我知道他和我不太合适，我们两个的爱好不同。我在考虑和他分手，只是我们在一起5年了，感情上很舍不得。我很庆幸有你这个好朋友，可以让我把心里话说出来。谢谢你。我会试着坚强，虽然需要一定的时间。未来的这1个月里，如果你周末有时间，我们能不能多见见面”这一类的。大家看，这样的倾诉并没有把自己和男友的细枝末节倾倒出来，而是既告诉了朋友自己的问题，又告诉她自己需要她的陪伴。

不过，这个人选需要我们仔细进行思考再做出选择。这个客观反馈者必须了解我们、值得信任，并且有健康、独立、成熟的人格，不会将自己的意见强加于人。

▷ 自我管理方案

提升低自尊自我管理计划

觉察并且辨认出一些早期反复信号（例如，我最容易难过，我容易批评自己）。
总结自己都有哪些比较重要的“核心负面自我认知”“命令和假设”，以及“预期偏见”和“负面自我评估”，需要多加注意？

续表

如果正在经历反复状态，自己可以做哪些事呢？
是否有值得信任的朋友或者专业人员可以帮助自己成长（注意：人选是可以根据实际客观情况改换的）？
总结一下过去的成功经验，有哪些方法对自己切实有效（比如，练习冥想，或者与理解自己的朋友倾诉）？
罗列出适合自己的生活和个性特征的自助方式都有哪些？

自我管理方案可以帮助我们检测并且提醒在改善低自尊状态的路程上可能会遇到的问题，让我们及时觉察、解决它们。

随着社会文明程度的不断发展，心理学界的研究者发现自我效能（self efficacy）对一个人生活质量和幸福感的重要性。

自我效能这个概念由心理学家Albert Bandura提出，主要指人类需要发掘出四种主要能力——独立完成任务的能力、学习的能力、说服并影响他人的能力、拥有稳定的情绪和健康的身体的能力。随着这一组综合能力的提高，一个人的生活幸福感也会随之增强。即，我们需要通过增强自我管理的能力达到提升自我效能的目标，鼓励自己成为高效率的问题解决者，而不是被问题影响、禁锢的受害者。

自我管理方案，可以启发大家积极开动自己的创造力，调整自己的自尊水平，不断成长，还可以把本书中倡议的面对问题的态度和思考问题的方法使用起来，获得越来越多的自我掌控感，增长并提高自我效能感，享受更加自由的生活。

总结

我们在这里做一个自我检测，看看现在的自己哪些认知发生了改变，哪些能力得到了提升。以下提到的一些能力特点可以供大家对比思考：

能用合适的方式来表达愤怒；

在遇到强势的人的时候，依然能够坚持自我，为自己创建一个安全的心理距离，不会陷入低落、悲伤的境地；

能在人际交往中分辨出什么是自我需求，什么是在讨好他人；

真正重视、尊重自己的感受，不再以委曲求全的方式生存；

领会到什么才是真正的爱自己的表现，可以以成熟、健康的心理状态爱他人，和他人建立更有意义的、深刻的联结。

我想在本书的最后与大家讨论以下三个方面的内容：

第一，如何倾听自己；

第二，如何建立与自己和谐相处的关系；

第三，如何“教会”他人来与自己相处。

▷ 倾听内心的真实声音

老话“家家有本难念的经”，反映出我们所处的社会文化的核心：我们与自己的关系，脱离不了家庭、团体，从我们出生开始，集体意识文化就已经深深地烙印到了我们的心里。这没有什么对错、好坏之分，只不过我们需要认识、理解它对自己的实际影响都是什么。更准确地说，它对我们成为自己、实现自我的目标产生哪些影响？

从倾听自己的声音这个角度来说，集体主义文化让我们回归自己内心的声音时，面临更多挑战，因为我们需要考虑的不仅仅是自我的需求和理想，还包括了自己生命中那些重要的人的需求和期望。所以说，相对于西方的个体主义文化背景，我们需要为自己多做一步分析，要有意识地分化出到底哪些是自己心里真正渴望、认同的，哪些是他人对我们的期待，这两者之间有整合，也有不可调和的冲突。存在不可调和的冲突时，我们要对分化出来的自己的意见做进一步的评估，梳理清楚坚持自我时遇到的困难、代价，是否是我们可以承担的。

研究人类情绪的专家Barton Goldsmith博士对如何做到真正倾听自己内心的声音有两个建议。

第一个建议，让自己置身一个安全、不受打扰的环境里，将一只手放在心口上，感受自己的心跳。为了减少打扰，可以缓慢地闭上双眼。这些动作让我们有意识地和心脏——我们最重要的身体器官，产生联结。通过感受自己的心跳让大脑熟悉它跳动的韵律，这是一种正念练习。在这个过程中我们会想着引发困惑的人或事，探寻自己心里的感觉是什么，那是内心传递给自己的重要回应，要认真倾听。

第二个建议，把自己理性化思考得到的结果和切身感受分别罗列下来，观察它们之间是否有冲突，是否有整合的可能，是否有调和的可能。

举例来说，正在考虑换工作，恰好有一个不错的工作机会摆在眼前，但目前无法做出选择。这时，通过理性思考，罗列出新工作的利弊，例如，“工作内容是自己感兴趣的，工作地点离家近，有更多接触其他部门、其他工作环节的机会。但是收入会下降，还需要重新建立人脉”。切身感受则会有，“我不想离开现在的团队，我喜欢目前的上司，但是在这里发展受到了限制”。观察一下这两个部分的内容，两者有重合的部分——对目前团队的不舍。由此，分析出，它是自己犹豫不决的一大原因。然而，“发展受到了限制”这一条又符合换工作的动机，需要更深刻地用心感受一下，到底是对团队的不舍更强烈，还是自我发展的需求更真切，分辨一下，哪一个对自己更重要。如果后者胜出，做选择就容易了。接下来要做的就是与旧团队告别，和老同事维系好关系，等等。经过分析、对比，整合了理性思考和切身感受，倾听自己内心的声音，最终做出了有利于自己的决策。

▷ 如何建立与自己和谐相处的关系？

一切关系的基础都建立在我们与自己的关系上。比如，我们是否和自己有很强烈、密切的联结，我们是否接纳自己，以及当感受到喜悦、悲伤、愤怒、痛苦等情绪时，我们能否依靠自己的力量安抚、平复自己的情绪。

心理治疗师们常使用飞行安全提示来解释，为什么与自己建立起健康、安全、成熟的关系是一件非常重要的事。起飞前的安全通知告知乘客，一旦发生紧急情况，首先做的是用氧气面罩扣住自己的口鼻，确保自己不会因为缺氧失去意识和行动能力，之后再去照顾他人，甚至是自己的孩子。听起来有点自私自利，但很科学，保证自己的思考能力、判断能力、行动能力都正常的情况下，我们才有能力帮助别人。

同样，当我们跟自己的关系是健康的、正常的，我们跟他人的关系才可能是健康的、正常的。但我们大多数人从小就被灌输，要把他人的利益放到自己之前。比如，为自己的家庭成员做牺牲会被认为是高尚者的行为。尤其是20世纪70年代之前出生的女性，很少关注过自己的心理需求、情感需求，很自然地认为自己就是为了顾全丈夫、孩子，照顾好家庭而生的。如果婚姻不美满就把生命的重心放到孩子身上，为孩子而活。殊不知，这种捆绑式的亲子关系，导致孩子成年后背负沉重的心理负担：一方面，想照顾好为自己奉献了一切的亲人，回报他们；另一方面，想通过奋斗活出梦想中的样子，却平衡不了责任和梦想的重量，陷入痛苦。在这样的生活背景下成长起来的孩子很难与自己建立起亲密、健康、成熟的关系，因为，对他们而言，在“我”和“我自己”之间隔着一个非常重要的人，而被迫接受和亲人捆绑式的生活状态，实际上根本不能同亲人产生亲密的感情和关系。自己渴望逃离，可又为逃离的想法感到内疚，备受折磨，最终和父母成为精神上的陌生人。

心理学研究、心理治疗的临床经验，都在提醒我们，如果一个人无法在内心深处与自己紧密联结，和谐共处，无法从感情上给予自我支持和帮助，那么他也无法真实地同他人建立联结，很难给他人提供感情支持，会出现一系列人际问题。

在多年的心理咨询工作中，我总结了六条小建议，希望可以帮助大家建立和自我健康、积极的关系。

关注自身的需求

不需要很重大的需求，从日常的简单的需求开始做起。比如，每天都吃好睡好，高质量地满足基本需求。

给自己制造快乐的能力

比如，为自己安排快乐的活动。

关注自己的内在世界，多做自我觉察

无论别人怎么说，观察自己的感受，尊重自己的感受。比如，下班后的团建，不想去就不必强迫自己去。如果担心因此影响人际关系，可以试试用其他方法经营人际关系。例如，第二天上班带蛋糕到办公室和大家分享。写日记，观察自己思考的内容，也是个非常棒的自我觉察和关注自己内在世界的方法。

定期给自己安排时间独处

这一点可能会被许多恐惧孤独的小伙伴拒绝，不过，心理学研究发现，如果一个人有和自己愉快独处的能力，那么他的社交关系往往比较健康，面临比较少的人际关系压力。这个道理还是比较好理解的，因为当一个人很享受独处，也善于安排自己独处的时间，就不纠结于必须和别人关系如何了。

练习冥想

如果可以每天尝试做一次冥想。

成为自己最好的朋友

做自己最好的朋友是有前提条件的——接纳自己。如果暂时无法接纳自己，那么可以想象一下，当自己是自己最好的朋友时，会如何对待自己，帮助自己重新认知自己，逐渐接纳自己。

▷ 如何"教"他人和自己建立关系

受低自尊心理的影响的人，在人际交往过程中太过于讨好他人，不能或者不敢坚持自我，保护自己的边界。

作为一个社会人，能够考虑他人的感受、立场是非常必要的，这有益于我们建立更加复杂和成熟的情绪感知能力，在一定程度上，有助于建立和谐的人际关系。只不过，在关系建立的过程中，太过于在意别人对自己的看法和感受，影响了关系本身，或者影响了对自我价值的判断，以牺牲掉自己的边界为代价，不断满足他人的要求，反而因无底线的退让给自己带来心理压力，时间久了会引发焦虑、抑郁等心理问题。

然而，我们必须意识到，当今社会我们大家都置身于一个过度关注他人的感受、看法，而被动做出自己反应的大环境当中，所以说建立新的思维习惯，让自己改变过度关注他人想法的习惯，把关注自身、自我关怀放到第一位，是一件有难度的事情。

做到这个改变，我们首先需要照顾好自己各方面的需求，再以饱满的状态去和他人交流，在自己力所能及的情况下，心甘情愿地为他人提供帮助。这样一来，既可以和自己保持一个和谐、安定、健康的关系，又可以有分寸地有温度地与他人相处。这听起来有点太理想化，但通过学习和体会，我们可以一步步实现它。这里有三条建议，可以用来疏通建立人际关系时遇到的障碍，做出可行的选择。

第一条建议：观察体会自己的真实感受。

低自尊者会习惯性地忽略自己的感受和需求，讨好别人。利用本书里的知识和工具，我们可以做到觉察，体会自己真实的感受，做出更适合自身条件的选择。

再次强调一下，自我觉察和关怀，与自私自利是有本质区别的。我认为，自我关怀并不会在主观意识上以侵占他人利益、侵犯他人边界为前提，也不会将自己不好的感受和体验，完全归咎于别人。例如，“如果他做到了××，我岂会这么难过！”而是时刻关注自己能为自己做什么，例如，我可以拒绝与自己不欣赏的人打交道，但没有理由要求他不能出现在某个社交场合。相反，真诚地关注自己的感受，了解自己可以承受的底线在哪里。举例说，当父母给我们强行安排结婚对象时，正确的自我关怀就是倾听自己的感受——“我不愿意和这个人共度一生”，向父母阐明自己的决定并不是自私的行为，自私的行为恰恰是不顾他人的感受，把自己的意志强加于人的行为。

为了心理健康，我们需要以坚定的态度，尽量诚恳、温和地和人沟通。但是，一旦确认和对方是无法沟通的，那么与他保持安全的心理距离、物理距离，则是我们的权利。

第二条建议：注意压抑自我的被动攻击信号。

被动攻击信号有很多，例如，用沉默、反讽等方式表达不满。当内心对某人或者某个环境愤愤不平时，我们很难以平静的状态和别人建立联系。讨好他人者因不愿直面冲突，就用这种间接方式处理令自己不舒服的人际关系。这是实际无用行为。如果对方是聪明、敏感的人，那么他并不会对讽刺自己的人有好感，或者也不会对你的沉默做出你渴望的回应，所以说，这样的做法无法解决自己对这个人的不满。我的建议是，遇到令自己不舒服的人或者环境，先让自己冷静下来，想想如何正确表达自己的观点才能真正帮助到自己。比如，在工作中进行必需的沟通时，感觉同事忽视自己，可以告诉他：“你这样让我很不舒服，有分歧我们可以好好沟通，我不想跟你发生冲突。你持续采用这种方式，那只能换个人跟你对接这个业务。”

第三条建议：练习温和但是坚定地说“不”。

说“不”是为自己建立并且维护边界的重要前提。在生活中，我们说“不”的权利因各种各样的原因被压抑、被剥夺、被扭曲。为了和他人合作，尊重他人的需求，让我们不断面临挑战——如何做出更恰当的选择，既可以保护自我的边界又能经营好人际关系。

说“不”是一个复杂的工程，需要我们不断地琢磨、尝试、练习，并且客观地复盘、总结。

不过，无论怎样，能够说“不”的首要条件，仍是我们清楚自己内心倾向的选择到底是什么，我们对自己是否真正了解，坦然地重视自己。

温和地表达拒绝的例句：

这件事我仔细考虑过后才可以告诉你，我是否可以做。

当你＿＿＿＿＿＿＿＿时，我感觉很受伤/不舒服。在这样的情况下，我无法继续和你讨论/合作。

谢谢，还是不了。

看见自己、听到自己、理解自己，通过接受或拒绝他人对我们做出的行为，我们“教会”他人如何与我们相处。忠于自己的感受做出选择，并承担起选择的代价和责任，就是稳定的高自尊的表现。

参考资料

Amercan Psychiatric Association. (2013). *Diagnostic and statistical manual of men mental disorders* (5th ed.). Washington, DC: Author.

Abraham, A., & Von Cramon, D. Y. (2009). Reality = Relevance? Insights from spontaneous modulations of the brain' s default network when telling apart reality from fiction. *PLoS One*, *4(3)*, e4741.

Adler, A. (1964). *Social interest: A challenge to mankind* (Vol. 108). New York: Capricorn Books.

Bandura, A., & Walters, R. H. (1977). *Social learning theory* (Vol. 1). Englewood Cliffs, NJ: Prentice-hall.

Beck, A.T., Rush, A. J., Shaw, B.F., & Emery, G. (1979). *Cognitive Therapy of Depression.* New York: Guildford.

Butler, M. Fennell et al (Eds), *Oxford Guide to Behavioural Experiments in Cognitive Therapy.* Oxford: Oxford Medical

Publications.

Eurich, T. (2017). *Insight: Why we are not as self-aware as we think, and how seeing ourselves clearly helps us succeed at work and in life.* New York: Crown Business.

Farroni, T., Csibra, G., Simion, F., & Johnson, M. H. (2002). Eye contact detection in humans from birth.*Proceedings of the National Academy of Sciences*, 99(14), 9602-9605.

Fennel, M. (1998). Low Self-Esteem. In N. tarrier, A. Wells and G. Haddock (Eds), *Treating Complex Cases: The Cognitive Behavioural Therapy Approach.* London: John Wiley & Sons.

Fennel, M. (2001). *Overcoming Low Self-Esteem.* New York: New York University Press.

Fennel , M. & Jenkins, H. (2004). Low Self-Esteem. In J. Bennett-Levy, G. Butler, M. Fennell et al (Eds), *Oxford Guide to Behavioural Experiments in Cognitive Therapy.* Oxford: Oxford Medical Publications.

Field, L. (1995). *The Self-Esteem Workbook. An Interactive Approach to Changing Your Life.* Brisbane: Element Books Limited.

Goldsmith, B. (2010). *100 ways to boost your self-confidence:*

Believe in yourself and others will too. Red Wheel/Weiser.

Gou, L.T. (2008). *Carnegie on life philosophy.* Beijing Yanshan Press.

Jaycox, L. H., & Foa, E. B. (1996). Obstacles in implementing exposure therapy for PTSD: Case discussions and practical solutions. Clinical Psychology & Psychotherapy: *An International Journal of Theory and Practice*,3(3), 176-184.

Jung, C. G. (2014). *Aion: Researches into the Phenomenology of the Self.* Routledge Lyubomirsky, S., King, L., & Diener, E.(2005). The benefits of frequent positive affect: Does happiness lead to success?. *Psychologicalbulletin*, 131(6), 803.

Millon, T., & Davis, R. O. (1996). *Disorders of personality: DSM-IV and beyond.* John Wiley & Sons.

Seltzer, L. F. (1986). *Paradoxical strategies in psychotherapy: A comprehensive overview and guidebook.* John Wiley & Sons.

Sowislo, J. F., & Orth, U. (2013). Does low self-esteem predict depression and anxiety? A meta-analysis of longitudinal studies. *Psychological bulletin*,139(1), 213.

Watson, D., Suls, J., & Haig, J. (2002). Global self-esteem in relation to structural models of personality and affectivity.*Journal of Personality and Social Psychology*,83(1), 185.

Whitfield, C.L.(1993).*Boundaries and relationships:Knowing, Protecting, and Enjoying the Self.* Health Communications, Inc.

Young, J. E. (1994).Cognitive therapy for personality disorders: A schema-focused approach, Rev. Professional Resource Press/Professional Resource Exchange.